家居配色手册

张昕婕　PROCO普洛可色彩美学社　著

江苏凤凰科学技术出版社

南京

图书在版编目（CIP）数据

家居配色手册 / 张昕婕，PROCO普洛可色彩美学社著
. —— 南京 ：江苏凤凰科学技术出版社 ，2021.6（2022.5重印）
 ISBN 978-7-5713-1960-1

 Ⅰ . ①家… Ⅱ . ①张… ② P… Ⅲ . ①住宅－室内装饰
设计－配色－手册 Ⅳ . ① TU241-62

 中国版本图书馆 CIP 数据核字 (2021) 第 102978 号

家居配色手册

著　　　者	张昕婕　PROCO 普洛可色彩美学社
项 目 策 划	凤凰空间／宋　君
责 任 编 辑	赵　研　刘屹立
特 约 编 辑	宋　君

出 版 发 行	江苏凤凰科学技术出版社
出版社地址	南京市湖南路 1 号 A 楼，邮编：210009
出版社网址	http://www.pspress.cn
总 经 销	天津凤凰空间文化传媒有限公司
总经销网址	http://www.ifengspace.cn
印　　　刷	北京博海升彩色印刷有限公司

开　　　本	787 mm×1 092 mm　1／32
印　　　张	5
字　　　数	128 000
版　　　次	2021 年 6 月第 1 版
印　　　次	2022 年 5 月第 2 次印刷

标 准 书 号	ISBN 978-7-5713-1960-1
定　　　价	39.80 元

图书如有印装质量问题，可随时向销售部调换（电话：022-87893668）。

目录

第 1 章

配色前的准备

1.1 色彩属性

人眼可以辨识一千多万种颜色，自从一百多年前诞生了第一个现代色彩体系，人们终于可以把万千可见之色量化，用"色彩属性"来更加精确地描述颜色。而理解色彩属性，是理性搭配色彩的第一步。

属性一：色相

色相，就是颜色的有彩色外相。简单来说就是某个颜色偏蓝还是偏绿，偏红还是偏黄。黄与红逐渐接近，逐渐转变为橙色、朱红色，最终转化为全红色；黄与绿逐渐接近，最终转化为全绿色；红与蓝、蓝与绿之间也会产生这样的渐变。最终，肉眼可见之色相会形成一个圆环，这个圆环就是纯彩色的"色相环"（图1）。

属性二：彩度

色彩的第二个重要属性是彩度。彩度就是颜色的鲜艳程度，在一些表达中也会把这种属性表述为"饱和度""艳度"或"色度"。彩度越高的颜色越鲜艳，彩度越低的颜色越接近灰色、白色或黑色，当彩度完全消失时颜色就变成了灰色、白色或黑色（图2）。

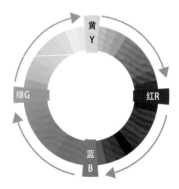

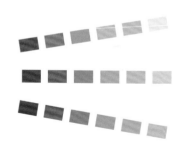

图1 在纯彩色的色相环中，黄红、红蓝、蓝绿、绿黄之间的所有颜色，都兼具相邻两个色相的特征。例如，橙色在色彩感知上既有红色相，又有黄色相，但没有绿色相或蓝色相；而紫色则是一个既红又蓝的颜色，但没有黄或绿色相。

图2 纯彩色色相环中的朱红色、红色、玫红色，彩度逐渐降低，最终成为灰色。

属性三：明度

　　明度，就是颜色的深浅。明度是颜色的天然属性，如果将一张彩色照片去色，得到的黑白照片就揭示了颜色间的明度关系。图3经过去色处理后转变为图4，得到的就是图3中的明暗关系。我们会发现，即便黄色和红色一样鲜艳，黄色还是一个比红色浅得多的颜色；黄色比粉色鲜艳得多，但两者的明度却相近，与地毯的明度也较为接近；绿色没有红色鲜艳，但比红色浅。

图3

图4

色彩空间

　　同一种色相的颜色，可以按照明度变化、彩度变化，有序地排列，形成三角平面（图5）。视觉能看到多少种色相，就能排列出多少种这样的三角平面，若所有这些平面围绕从黑到白的中心轴旋转排列，就可以看到如图6所示的锥体，这个三维的锥体被称为色彩空间。

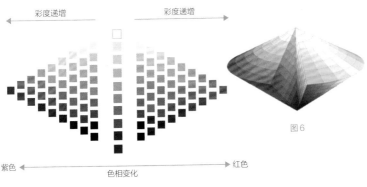

图6

图5

1.2 色调和色域

色调，即色彩的色相、明度和彩度综合呈现的整体效果。将色彩三角按照色调特点大致划分为 7 个区域，每个区域色调会呈现出类似的色彩情绪（图 7）。同一色相下，色调不同，传达的情感氛围亦可能相差甚多（图 8）。

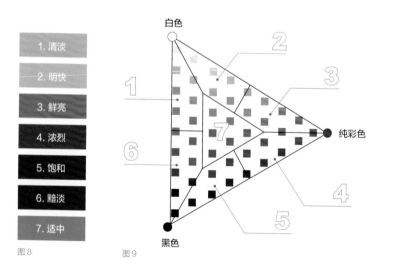

图 7

图 8

图 9

具有相似情感倾向的颜色，在色彩三角上的位置也较为接近，所处的区域往往也相同。如果我们将色彩三角按照这种色调共性划分区域，便可以将色彩三角划分为不同色调特点的 7 个区域（图 9）。图 7 和图 8 中的 7 种不同色调，一一对应图 9 中的7 个区域。

同时，我们将色相环平均分成 8 份，形成 8 个色相区域，再加上 1 个无色相区域（即无色彩区域），将其与色彩三角的色彩区域结合形成坐标表格，这样就能够清楚地看出颜色之间的关系。本书此后的每一组配色，都将在这个坐标表格中表示出来。

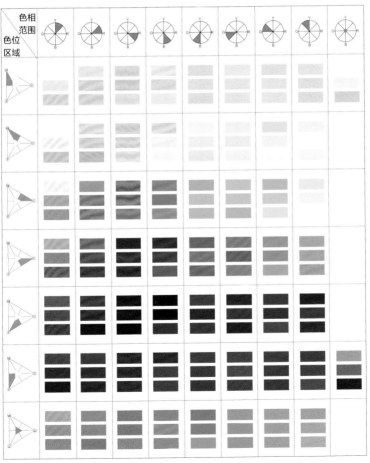

1.3 和谐搭配

想要配色和谐美观，实在没有什么绝对的法则，但无论如何，配色手段无外乎遵循这条原则：寻找对立和统一。

色相的相似感

不同颜色的色相在色相环中形成的角度越小，色相的相似感越强。在色相环中，颜色之间的角度小于 90°时，一般都会有比较强的相似感，但从红到蓝的 90°无法形成相似感。因为红色为暖色，而蓝色为冷色，所以看起来对立感更强。

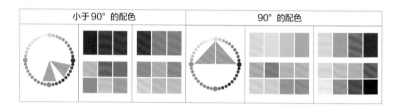

色相的对立感

两个颜色的色相在色相环中形成的角度越大，色相的对立感越强。当两个色相在色相环中形成角度大于 90°时，就能形成对立感。纯粹的黄色相与纯粹的蓝色相，纯粹的红色相与纯粹的绿色相互为补色。

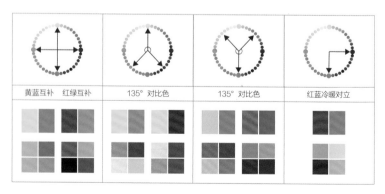

彩度的相似感

在色彩三角中，越靠近黑白轴的颜色彩度越低，越远离黑白轴的颜色彩度越高。同一列的颜色彩度相同，邻近列的颜色彩度相近。

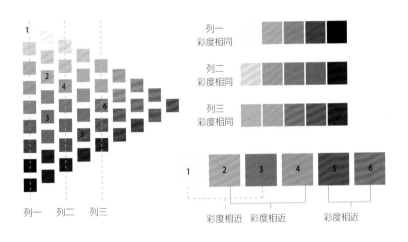

不同色相的颜色，彩度相同或相近时，也能表现出彩度相似的和谐效果。如下面的每一组颜色，虽然色相不同，但彩度都相同。

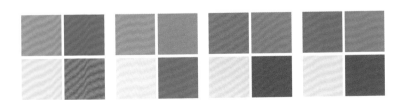

彩度的对立感

两个颜色，或几个颜色之间的鲜艳程度相差越大，彩度的对立感越强。如图10~图12，依次为：彩度上的强对比，彩度上的中对比，彩度上的强对比。

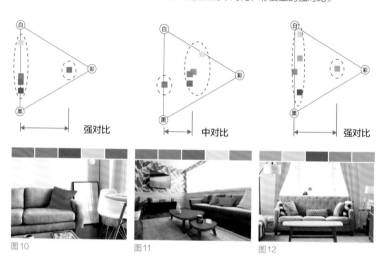

图10

图11

图12

明度的对立感和相似感

几个颜色之间的深浅程度差异越大，明度对立感越强。在空间配色中，明度对比的把握是成败的关键，尽量避免明度相同或过于相近（全浅色空间除外）。同样是绿色和浅木色的组合，如果将图13的绿色改成图14的绿色，就会发现空间变得柔和清新了许多。

图13

图14

1.4 色彩的气氛和情绪

冷暖

　　人们对色彩的感知会产生相应的联想，这种联想会让人们觉得某种颜色是冷色、暖色，或中性的颜色（图15）。

　　暖色：鲜艳的红、橙、黄色相的颜色让人联想到温暖的物象，属于暖色。冷色：青、蓝色相的颜色会使人联想到清凉寒冷的物象，属于冷色。相对的冷色或暖色：这些颜色的冷暖感都是相对的（图16、图17），例如绿色与蓝色相比显得比较暖，而与黄色相比显得比较冷。

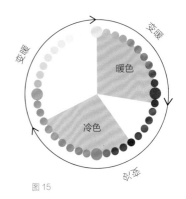

图 15

图 16　绿色与黄色比，显得比较冷，而与蓝色比，则显得比较暖。

图 17　紫色与红色比，显得比较冷，而与蓝色比，则显得比较暖。

　　颜色的冷暖感也和彩度、明度有关。总体来说，相同或相近色相的颜色，彩度越低，看起来越冷，彩度越高看起来越暖（图18），越接近白色的颜色，看起来越冷（图19）。

图 18　同样是红色相，彩度降低，暖感也在降低，2号色比1号色冷许多，同为蓝色相的4号色也比3号色看起来更冷。

图 19　同样是橙色相，接近白色的6号色，比5号色也冷很多。8号色也比7号色清凉许多。

另外，单色的冷暖，并不意味着色彩整体组合的冷暖（图20）。在实践中，色彩从来都是以组合的方式出现，而不是单色。

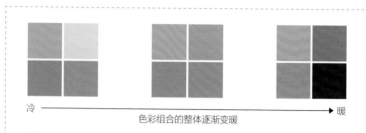

图20　四个色彩组合中，绿色都是相同的，但与不同的颜色搭配在一起，整体的冷暖感在变化。左侧组合较冷，右侧组合较暖，中间组合冷暖感的倾向性不明显。

软硬

除了冷暖感，颜色还有轻、重感。总体来说，颜色越接近白色看起来越轻，越接近黑色看起来越重，明度越高的颜色越轻，明度越低的颜色越重。而轻的颜色往往感觉比较软，重的颜色往往感觉比较硬。在明度相近的情况下，冷色看起来会更硬一些（如图21，2号色看起来最轻也最软，3号色的明度最低，但4号色看起来比3号色更硬一些）。在颜色组合中，软硬的变化非常多样。总体来说，彩度、色相、明度等方面对比感越强的颜色组合看起来越硬，反之则比较软。整体越重的颜色看起来越硬，整体越轻的颜色看起来越软（如图22，2号色与不同的颜色组合起来，色彩组合的整体软硬感也有所不同）。

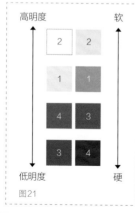

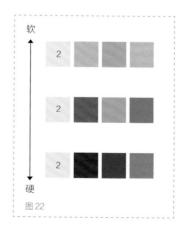

面积比例

在一个色彩组合中，同样的颜色，不同的面积比例，会带来完全不同的冷暖、软硬效果。如图 23，这组颜色中的绿色面积较大时，整体看起来就比较冷，而深红色面积较大时，看起来就比较暖且比较硬。

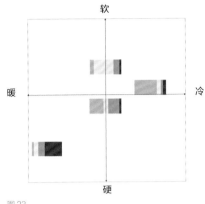

图 23

色彩氛围和色彩的语言形象坐标

从色彩组合的软硬、冷暖和面积比例关系，就可以大致地体现出色彩组合的整体情绪和氛围。虽然色彩的情绪没有统一的标准，但对同一种组合的心理感受都会落在一个大致的范围内。2006 年人民美术出版社引进了一本关于色彩心理的书，名为《色彩形象坐标》，作者是日本人小林重顺。作者以色彩的软硬感、冷暖感为基础，为色彩的情绪表达提供了一个量化的参考。笔者从中选取了最简单和实用的一个坐标（图24），在冷暖、软硬坐标的基础上，色彩形象坐标为固定范围内的颜色做出了语言上的描述和定义。本书在此后的所有配色方案中，都将给出相应的色彩形象坐标参考。

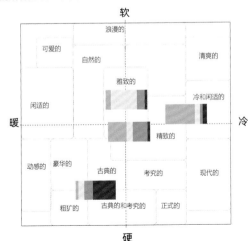

图 23、图 24 中的几组配色在色彩语言形象坐标中，分别对应了雅致的、冷和闲适的、精致的、古典的四个大致心理感受。这与人们看到这些配色组合时感受的气氛大体一致。

图 24

1.5 屏幕、实物、印刷色和色卡

即使都是人眼所见之色，不同媒介的色彩呈现原理也是不同的。这里我们首先得清楚几个基本概念。

原色

原色是指不能通过其他颜色（光色或物料色）混合产生的基础色。从不同的角度出发，有不同的原色。

屏幕——光色原色

人之所以能够看到颜色，简单来说是因为人的视网膜上有一种识别颜色的锥体，叫作视锥细胞。人类的视锥细胞对可见光中的红（Red）、绿（Green）、蓝（Blue）波段最为敏感，当这些对三种光敏感的视锥细胞被不同程度地激活时，大脑就会将这些信息加工成不同的颜色，反应在人的感知中。光色原色混合也被称为加色混合。当三种光完全混合时，会看到一个白色，并且光色叠加不会损失颜色的明亮度和饱和感。所有的屏幕显色，如手机、电脑、电视、投影仪等，都是基于光色三原色叠加混合，也就是我们在绘图软件中常看到 RGB 参数（图 25）。

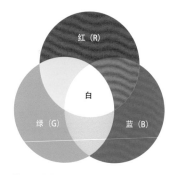

图 25　光色三原色。在光色三原色中，红与绿混合得到黄色，红与蓝混合得到玫红色，绿与蓝混合得到青色，三色混合得到白色且明度达到最高。

实物——物料原色

光的本质是电磁波，所以光的叠加不会损失颜色的明亮度，颜料、染色剂却是实体，颜色混合时必然会损失明亮度，如果将红色、绿色、蓝色颜料混合，绝无可能获得一个白色的颜料。在物料颜色混合的体系中，三原色一般是品红（Magenta）、青（Cyan）和黄（Yellow）。物料原色相互混合可以产生其他颜色，但每混合一次，颜色的饱和感一定会下降一些，所以物料原色混合也被称为减色混合（图26）。

印刷色

印刷时需要用油墨上色，因此，印刷形成的颜色也是基于减色混合的。在品红、青和黄的基础上，人们加入了黑色来弥补三个原色的不足，这就形成了我们在印刷中常说的 CMYK 参数。不同载体颜色的不可协调性，是因为显色原理的不同。在电脑制图软件中调出的颜色与实际颜色一定会存在差异，而所有的实物颜色都基于物料混合，所以电脑中的颜色也未必能被很好地再现出来，尤其是特别鲜艳和特别深的颜色。另外，每块屏幕的显色也都会存在差异，即使输入相同的 RGB 值，在不同的屏幕上看到的颜色也可能会不同。

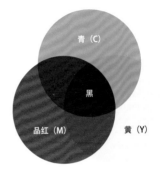

图26 物料三原色。在物料三原色中，品红与青混合得到蓝色，青与黄混合得到绿色，黄与品红混合得到红色。三色混合理论上得到黑色，实际一般得到深灰，明度达到最低。

色卡

因为载体不同而形成的色差问题，在实践中往往失之毫厘，差之千里。为了能够更好地统一色彩参考标准，人们将颜色编码、固定，市面上出现了标准色卡。本书中所出现的所有颜色都以彩通的色卡（PANTONE FASHION HOME + INTERIORS Color Guide）为准（图27），同时提供 RGB 值以供屏幕显色参考。

图27

1.6 本书的使用方式

图示 1 色彩三角和色彩圆环的区域组合。每一组配色中的每一个颜色，都在色域表格中标注出来，以便更好地理解色彩在色彩空间中的关系。

图示 2 色谱组合。每个色谱组合由 6 ~ 8 个颜色组成，组合中的每个颜色都有机会成为主色。同样的颜色组合，面积比例不同时，呈现的色彩情绪和氛围是完全不同的。本书中每一组同样的配色色谱，将根据色彩语言形象坐标的情感表达范围，衍生出三种不同的色彩情绪（如图示 5）。每一种色彩情绪，又将根据色彩面积比例的微调，展现出三个搭配方案（如图示 7）。最终，每一组配色可以衍生出十二套不同的搭配方案。每个颜色上所标注的颜色编号，都可以在最后的"色彩索引"中找到。

2.1 配色组合一

N-04 | N-02 | N-10 | B-09 | Y-07 | R-06 | Y-02 | N-23

图示 3 色彩圆环。显示每组色谱组合中的颜色，在色彩圆环中的相应色相位置。黑色或接近于黑色的深灰色，白色或接近于白色的浅灰色，都将被标注在圆环的中心，以示无色相或接近于无色相。

图示 4 色彩三角。显示每组色谱组合中的颜色，在色彩三角中所处的色域位置。每个颜色在色彩三角和色彩圆环中的位置，也可以在图示 1 中得到反应。

图示 5 色彩语言形象坐标。每一页的坐标中，都将标明本页中的色彩组合所处的范围（灰色阴影部分），即本页三个方案共同表达的色彩情绪范围。

图示 6 主题和配色说明。除了色彩语言形象坐标中所给出的形容词，本书也为每一页的搭配方案给出更丰富的主题及搭配说明。

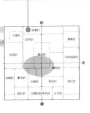

都市品位

本组颜色明度对比较强烈，浅色较多。以浅色为主色（墙面和地面），可以让空间整体更为柔和。以深色作为辅助色（沙发、地毯），保持明度上的强对比，整体看起来干净简洁，又不失雅致。

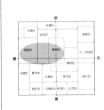

亲切休闲

调整面积比例后，色彩组合的整体心理感受变暖，同时整体色彩关系变软，看起来更加亲切、舒适。

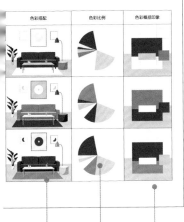

色彩搭配	色彩比例	色彩概括印象

色彩搭配	色彩比例	色彩概括印象

图示 7 每一种色彩情绪展现出的三种具体搭配方案。

图示 8 每一个色彩方案用饼图来表示色彩的面积比例。

图示 9 用色块概括出色彩组合的构成关系、平衡性，以及色彩组合的整体印象。

2.2　配色组合二

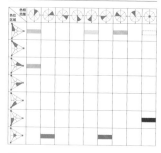

青葱岁月

本江颜色之间的明度对比关系不强烈、比较柔和，以浅蓝、浅绿为主色调，整体空间清爽干净，对于各种风格的适配性也比较高。

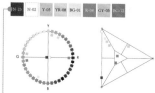

| N-23 | N-02 | Y-05 | YR-08 | BG-01 | R-08 | GY-05 | BG-12 |

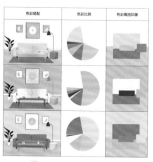

| 色彩搭配 | 色彩比例 | 色彩概括印象 |

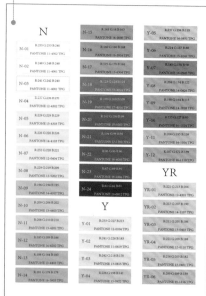

索引页说明：色谱组合中的颜色，都可以在色彩索引中查询相应的彩通色号以及 RGB 值。N 开头的颜色即白色和各种灰色，可以在索引页中的 N 目录下顺序查找；Y 开头的颜色即各种黄色相的颜色，可以在索引页 Y 目录下顺序查找。YR、R、RB、B、BG、G、GY 则分别为红黄色相、红色相、红蓝色相、蓝色相、蓝绿色相、绿色相、绿黄色相。

注：本书中对所有颜色的色卡匹配校对工作，全部是在 D65 标准光源下进行。读者需要注意不同光源环境下，色卡颜色感知可能产生的不同。

第 2 章
室内空间色彩的意象氛围

客厅

2.1 配色组合一

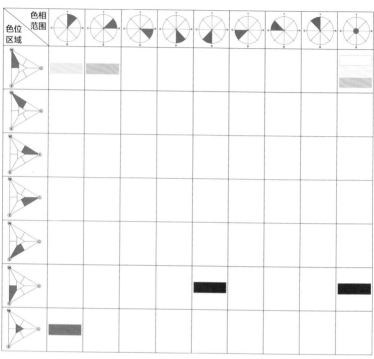

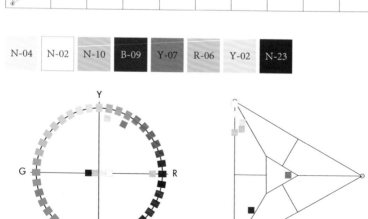

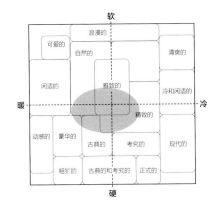

都市品位

本组颜色明度对比较强烈，浅色较多。以浅色为主色（墙面和地面），可以让空间整体更为柔和。以深色作为辅助色（沙发、地毯），保持明度上的强对比，整体看起来干净简洁，又不失雅致。

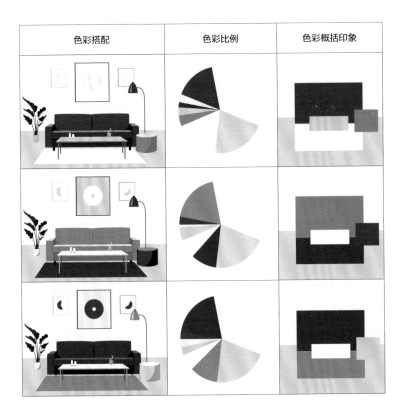

色彩搭配	色彩比例	色彩概括印象

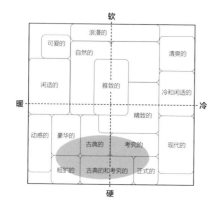

软

浪漫的

可爱的

自然的

清爽的

闲适的

雅致的

冷和闲适的

暖 ——————————————— 冷

精致的

动感的 豪华的

古典的 考究的

现代的

粗犷的 古典的和考究的 正式的

硬

低调奢华

调整面积比例关系后，本组颜色明度对比依旧比较明晰，但主色以浓重、饱和的颜色为主，冷暖适中。整体色彩氛围比较硬，处于色彩语言形象坐标的底部，体现稳重、古典的华丽感。

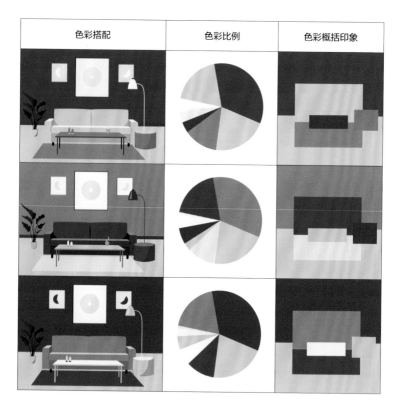

色彩搭配	色彩比例	色彩概括印象

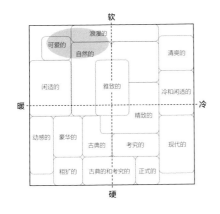

软
浪漫的
可爱的
自然的
清爽的
闲适的
雅致的
冷和闲适的
暖 ---- 冷
精致的
动感的 豪华的
古典的 考究的 现代的
粗犷的 古典的和考究的 正式的
硬

软糯明媚

　　将本组颜色中的浅色作为墙面和地面色，占比较大的沙发、地毯也保持较浅的颜色，那么配色的整体就变得十分柔软。

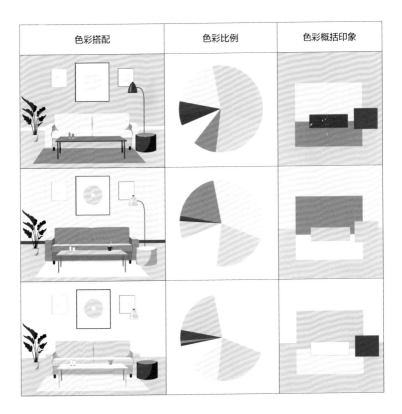

色彩搭配	色彩比例	色彩概括印象

2.2 配色组合二

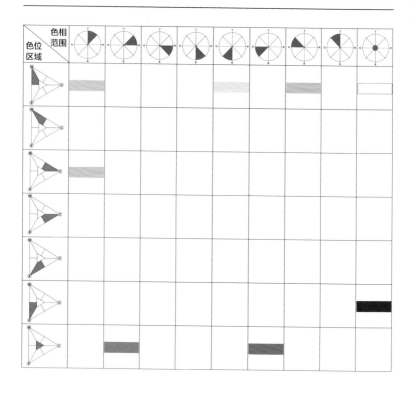

| N-23 | N-02 | Y-05 | YR-08 | BG-01 | R-08 | GY-05 | BG-12 |

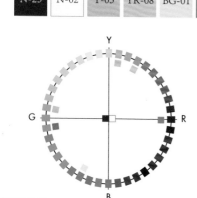

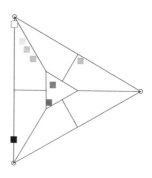

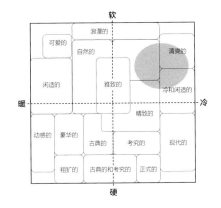

青葱岁月

本组颜色之间的明度对比关系不强烈，比较柔和。以浅蓝、浅绿为主色时，整体空间清爽干净，对于各种风格的适配性也比较高。

色彩搭配	色彩比例	色彩概括印象

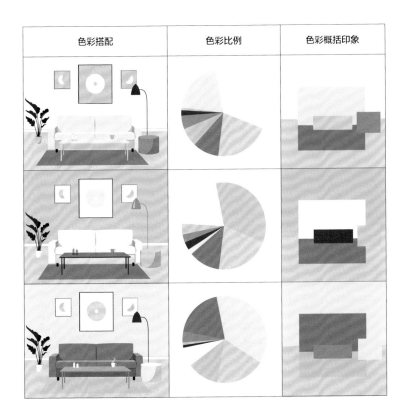

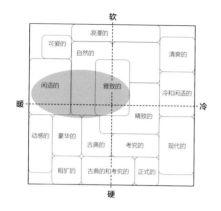

亲切休闲

调整面积比例后，色彩组合的整体心理感受变暖。同时整体色彩关系变硬，看起来更加亲切、舒适。

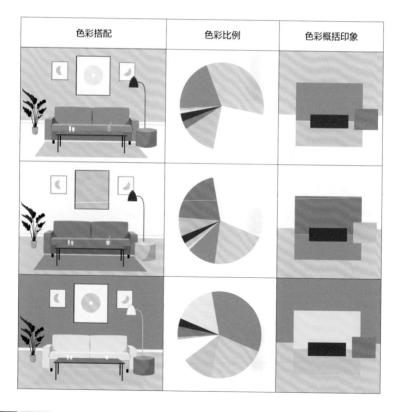

色彩搭配	色彩比例	色彩概括印象

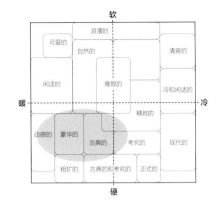

假日风情

　　以组合中的绿色、红色为主色时，整体的色彩关系变得更加硬。因为绿色的比重变大，第一组和第二组配色倾向于中间偏冷的方向。整体色彩比较大胆，假日感十足。

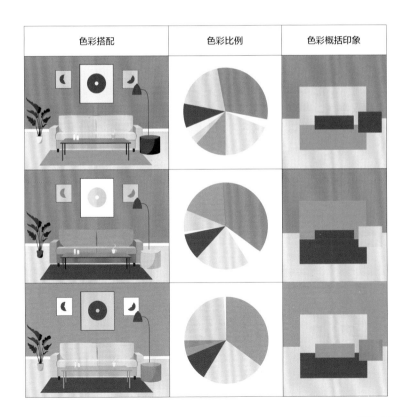

色彩搭配	色彩比例	色彩概括印象

2.3 配色组合三

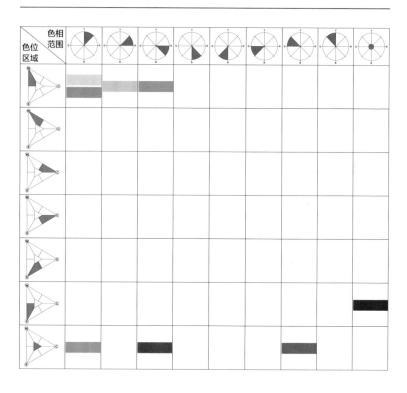

N-23	YR-18	YR-33	R-04	YR-29	Y-06	RB-06	G-03

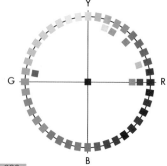

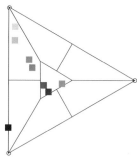

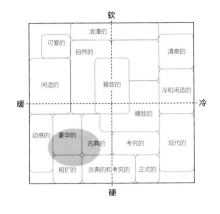

复古风潮

　　本组颜色整体偏暖，中低明度颜色多。以组合中的中明度暖色为主要颜色时，一定会让组合的整体处于坐标的左下方，表现出浓浓的复古感。

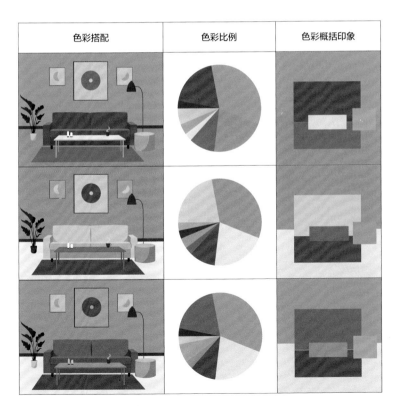

色彩搭配	色彩比例	色彩概括印象

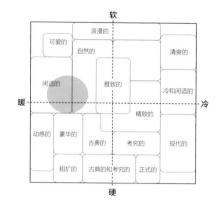

温暖明丽

调整面积比例，以浅色为主色后，色彩组合给人的整体心理感受变软了。原本的经典稳重感，变得更加松弛闲适。

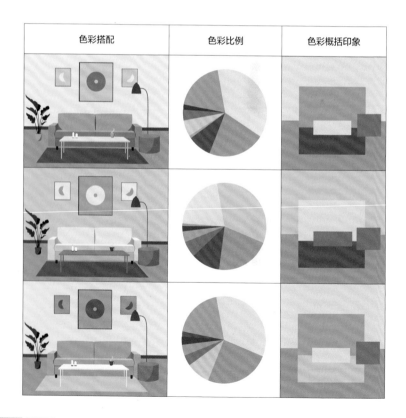

色彩搭配	色彩比例	色彩概括印象

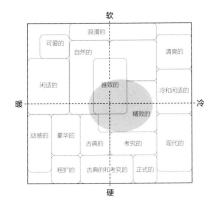

密林隐者

加大组合中绿色的面积，与棕色、浅咖色搭配出构成中的主要颜色，便展现出丛林深处的意向，隐秘、精致。

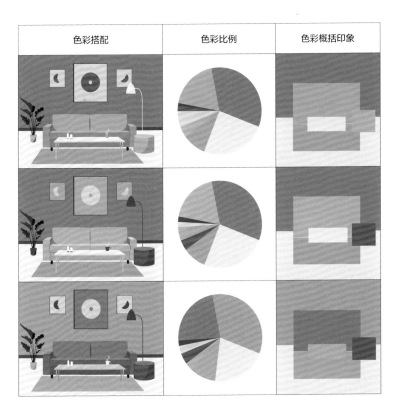

色彩搭配	色彩比例	色彩概括印象

2.4 配色组合四

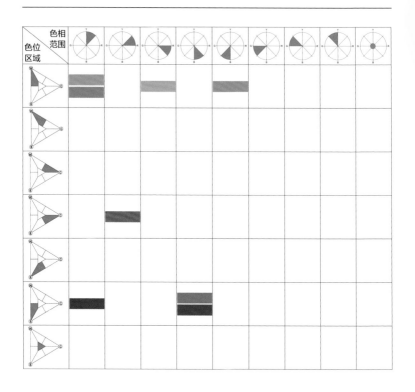

| YR-14 | YR-39 | YR-31 | YR-24 | RB-14 | RB-18 | RB-22 | B-05 |

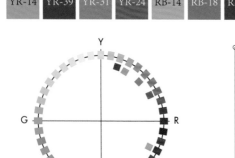

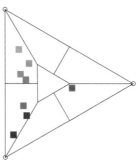

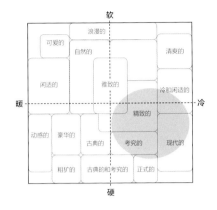

谦谦君子

本组颜色冷暖对比强烈。以紫色、绿色、蓝色等冷色为主时，颜色组合整体看起来冷峻、理性、精心而考究。

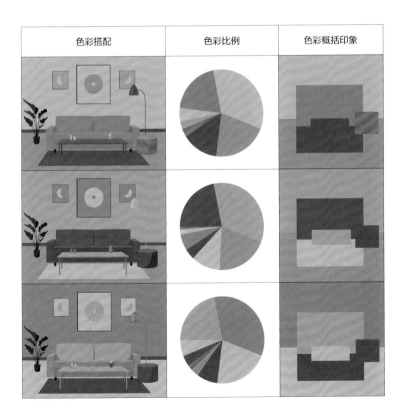

色彩搭配	色彩比例	色彩概括印象

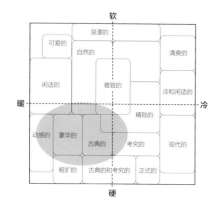

锋芒毕露

当红色、棕色等暖色占较大面积时，色彩组合的整体就立刻向坐标的暖极偏转。其中，较鲜艳的红色面积越大，整体组合看起来就越激进。

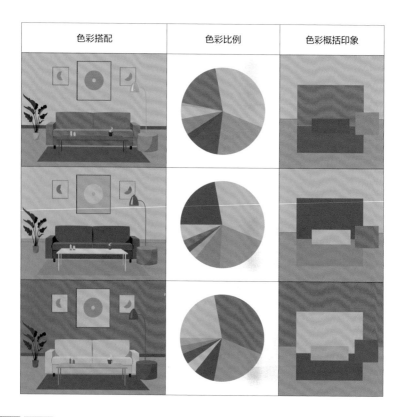

色彩搭配	色彩比例	色彩概括印象

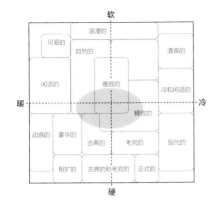

温和得体

　　以相对来说彩度较低的咖色、浅紫色为主时，色彩组合的整体看起就较为中性、中庸，温和得体。

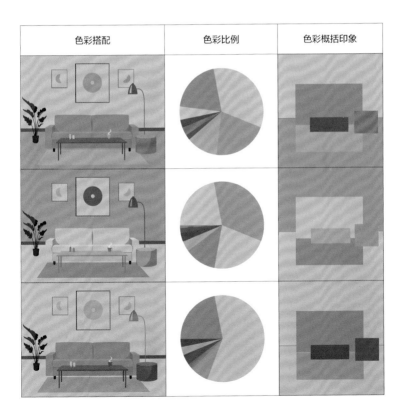

色彩搭配	色彩比例	色彩概括印象

2.5　配色组合五

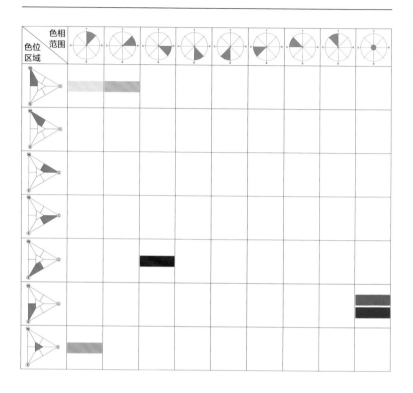

| N-23 | YR-18 | N-19 | YR-40 | R-11 | Y-09 |

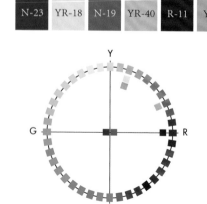

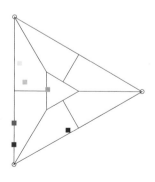

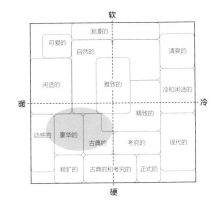

风姿绰约

中明度的粉色、金黄、灰色组合在一起，搭配深酒红色，便大体奠定了精致典雅的基调，用少量黑色、乳白色增加明度层次对比，表现出更为丰富的女性向色彩氛围。

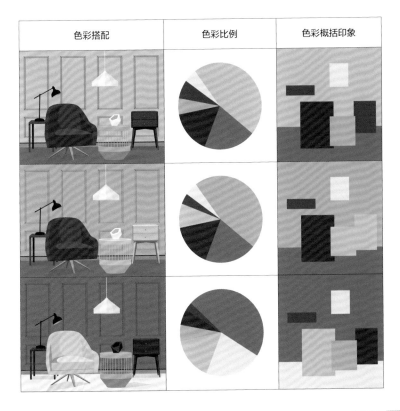

色彩搭配	色彩比例	色彩概括印象

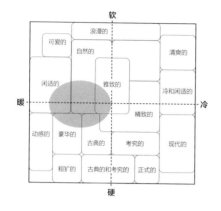

肌肤之亲

以如肌肤般的浅粉色调为主，搭配适当的、少量的深色，整体呈现出软硬适中的暖色氛围。

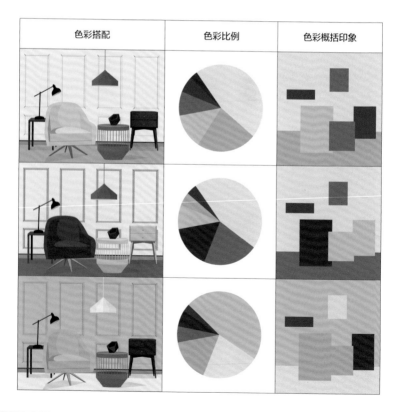

色彩搭配	色彩比例	色彩概括印象

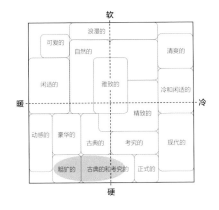

软

浪漫的

可爱的

自然的

清爽的

闲适的

雅致的

暖 — — — — — — 冷

冷和闲适的

精致的

动感的 豪华的 古典的 考究的 现代的

粗犷的 古典的和考究的 正式的

硬

威严正统

以深灰色、黑色为主色，搭配深红、金黄这样饱和的颜色，呈现出浓浓的统治威慑力，是典型的具有权威感的色彩组合。

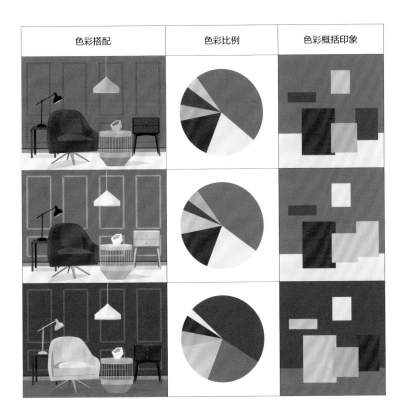

色彩搭配	色彩比例	色彩概括印象

2.6 配色组合六

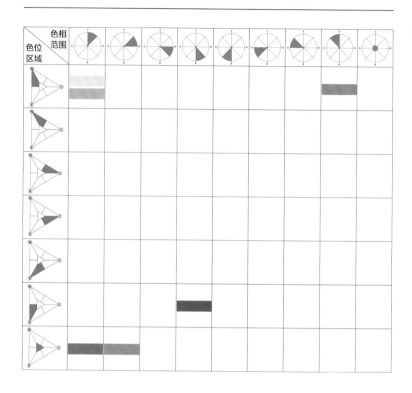

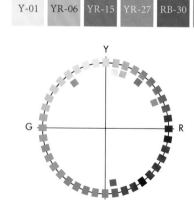

| Y-01 | YR-06 | YR-15 | YR-27 | RB-30 | GY-14 |

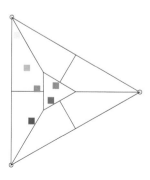

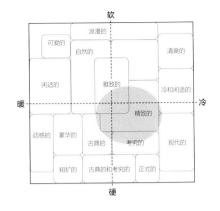

雅人深致

　　本组颜色以沉稳的蓝色和绿色为主色，搭配常见的奶白色、浅咖色、棕色，呈现出经典的男性气质。珊瑚红作点缀则将色彩组合的层次调整得更为丰富。

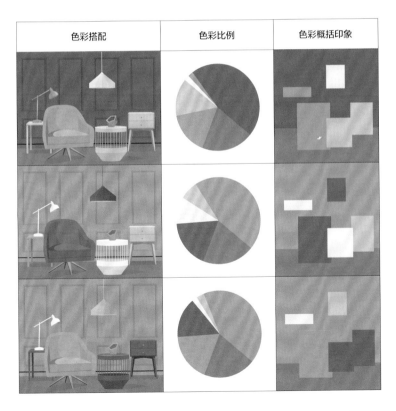

色彩搭配	色彩比例	色彩概括印象

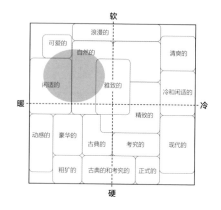

温文尔雅

以色彩组合中的浅色、暖色为主要颜色，色彩组合整体就变软、变暖，感受上更为舒适。

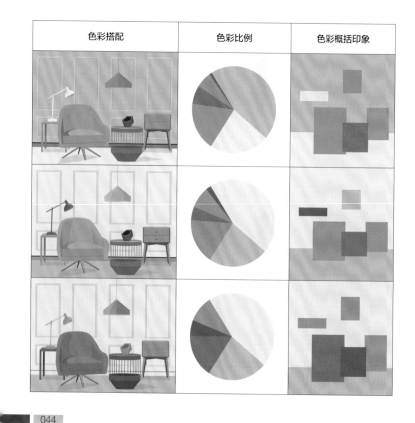

色彩搭配	色彩比例	色彩概括印象

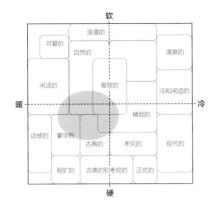

经典时代

　　将主色明度降低，或增强主要颜色之间的明度对比，让色彩组合的整体看起来更硬，就会得到一个更具经典感的组合。

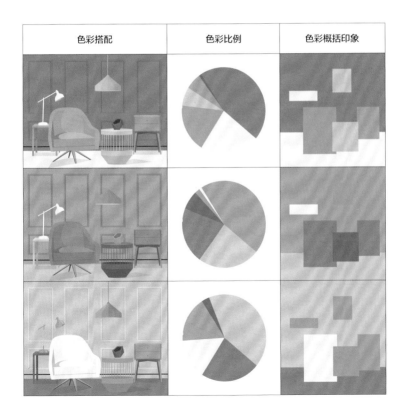

色彩搭配	色彩比例	色彩概括印象

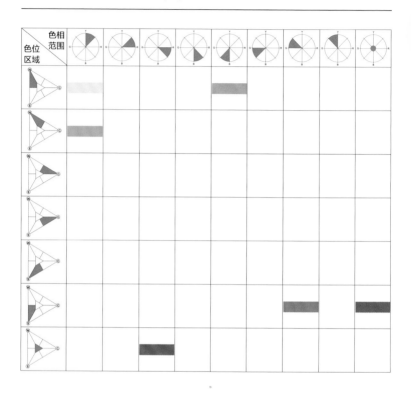

| N-20 | Y-01 | Y-08 | R-03 | B-03 | GY-12 |

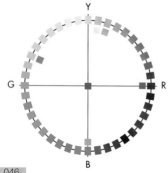

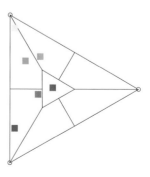

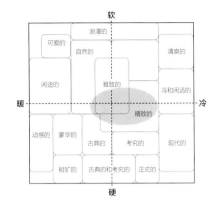

风和日丽

本组颜色整体看起来比较清晰明朗。若以本组颜色的蓝色、绿色为主色，其他颜色均匀地分配，深灰色保持较小的面积，那么就可以得到一组风和日丽的色彩意向组合。

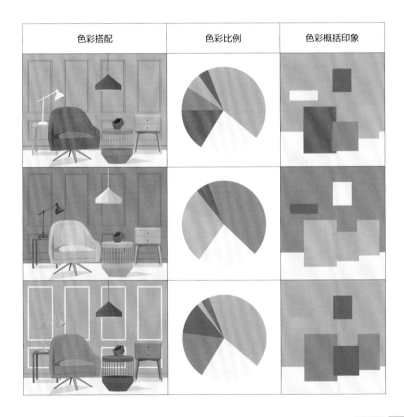

色彩搭配	色彩比例	色彩概括印象

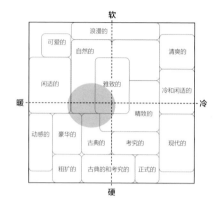

端庄优雅

　　以本组颜色中的奶油色、黄色为主，色彩组合的整体便变轻、变暖，看起来更为端庄优雅。

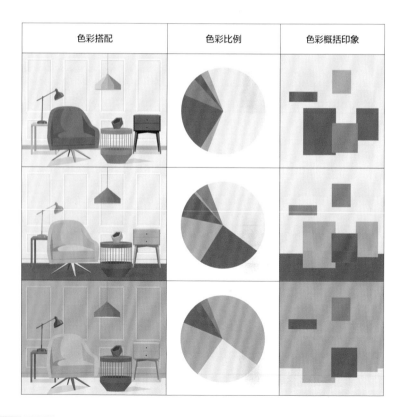

色彩搭配	色彩比例	色彩概括印象

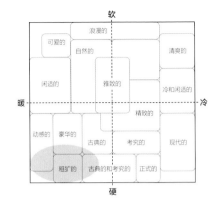

浪漫的
可爱的
自然的
清爽的
闲适的
雅致的
冷和闲适的
精致的
动感的 豪华的 古典的 考究的 现代的
粗扩的 古典的和考究的 正式的

绮丽雍容

　　以本组颜色中的深灰色、红色、黄色为主要颜色的组合，色彩意向变硬，看起来更为雍容华贵、古典考究。

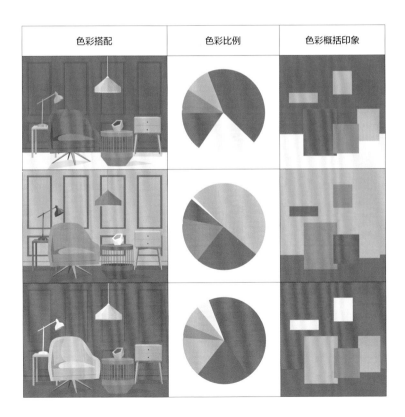

色彩搭配	色彩比例	色彩概括印象

2.8 配色组合八

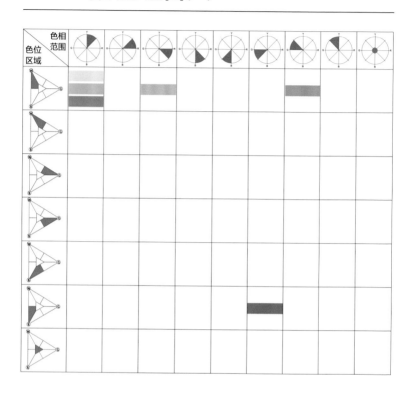

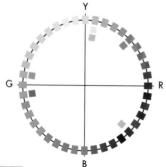

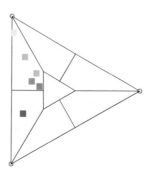

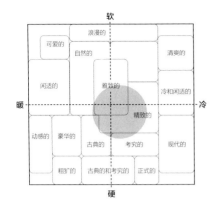

克制平和

本组颜色整体来说彩度都不算太高，颜色之间的彩度对比比较有限，因此若以本组颜色的绿色相为主色，色彩组合的整体看起来就比较克制平和、精致理性。

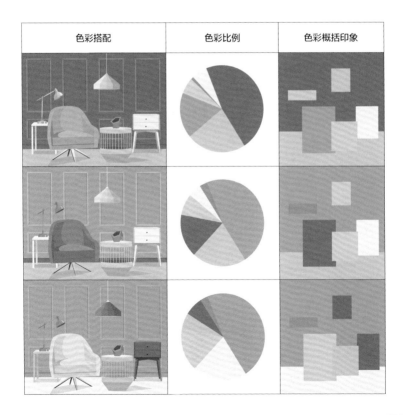

色彩搭配	色彩比例	色彩概括印象

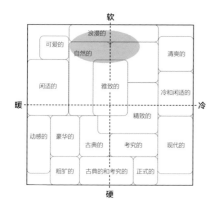

天真烂漫

若以本组颜色中的奶油色、淡紫色、浅黄色为主，较深的灰绿色始终保持少量，色彩组合的整体就非常柔软，看起来轻盈浪漫。

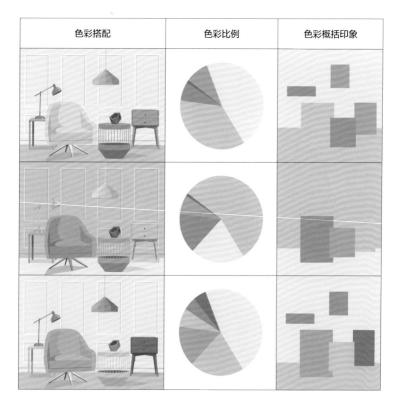

色彩搭配	色彩比例	色彩概括印象

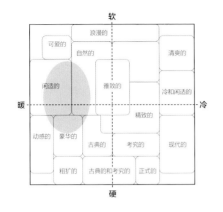

午后暖阳

　　以本组颜色中的红、黄、灰绿组合搭配，色彩组合的整体看起来更加饱和。注意保持住色彩组合整体的暖感，就能表达出温暖的阳光感。

色彩搭配	色彩比例	色彩概括印象

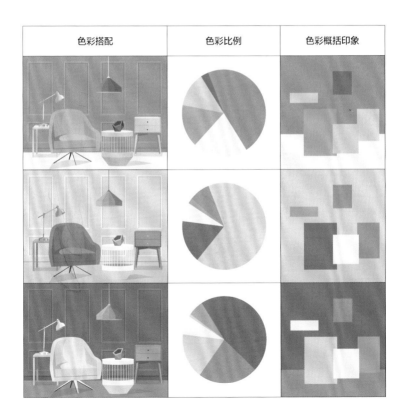

客厅色彩搭配提示

墙面颜色的选择

人们在选择墙面颜色时，往往会优先选择比较安全的浅色，但还是需要格外注意色彩小样和上墙后的实际感知之间的差异。比如图 28 的小样上墙后看起来颜色更浅且更鲜艳一点，而图 29 中的灰色小样上墙后颜色变化不是特别明显。

图 28　墙面平涂涂料（一）
色彩设计：普洛可色彩美学社
设计项目：杭州素齿齿科诊所改造
摄影：张昕婕

图 29　墙面平涂涂料（二）
色彩设计：业主
设计项目：杭州华立星洲花园
摄影：刘汇

这种色彩小样上墙后产生的感知上的变化，并不是客厅独有的，但客厅往往是居室空间中面积最大的部分，所以上墙后的差异也会比较明显。另外房间的朝向也会影响墙面颜色的整体观感，总体来说朝北的房间颜色看起来会更加冷一些。不同色相、深浅的颜色，小样上墙后的变化略有不同，不管怎样，在选择色彩小样时，应比实际想达到的效果更低调一些为宜。

第 3 章
室内空间色彩的意象氛围
卫生间

3.1 配色组合一

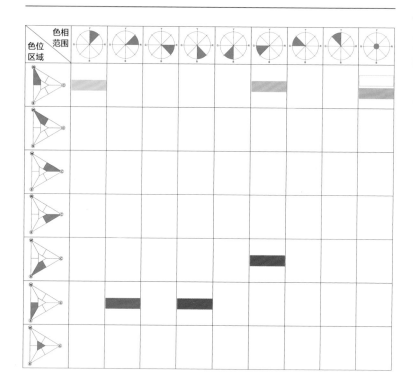

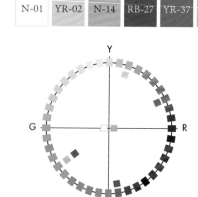

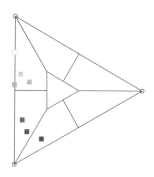

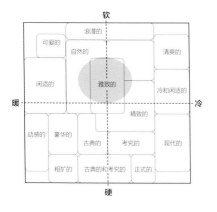

清闲自然

本组颜色从浅至深，层次分明。以组合中偏暖的浅色作为墙面和地面色，搭配一定面积的浅绿色，呈现出干净、自然、舒适的氛围。

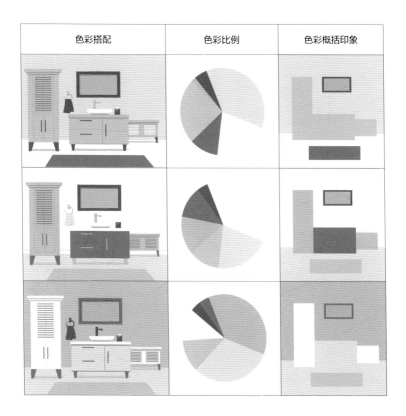

色彩搭配	色彩比例	色彩概括印象

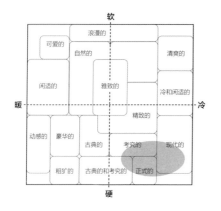

冬夜密林

扩大明度较低的深绿色、深蓝色的面积，搭配深棕色或加大主要颜色之间的明度差异，让色彩组合整体更硬、更冷，以表达更具现代感和男性化的效果。

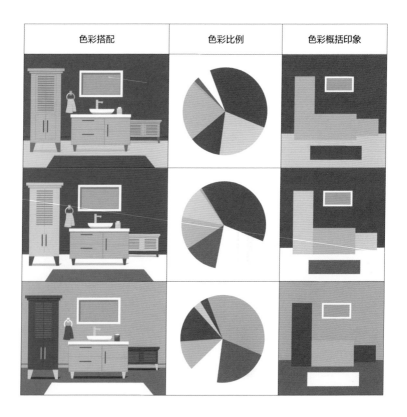

色彩搭配	色彩比例	色彩概括印象

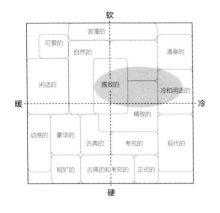

雨过清新

　　色彩组合的整体效果更加轻盈，保持整体偏冷的视觉感受，就能够表达出干净清新的情绪氛围。

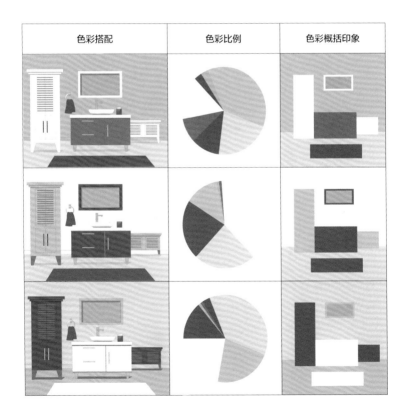

色彩搭配	色彩比例	色彩概括印象

3.2　配色组合二

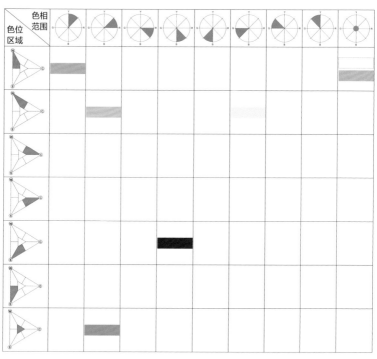

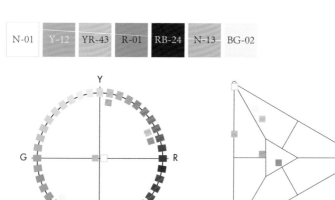

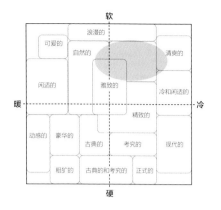

软

浪漫的

可爱的
自然的
清爽的

闲适的
雅致的
冷和闲适的

暖 ——————————— 冷

精致的

动感的 豪华的
古典的 考究的 现代的

粗犷的 古典的和考究的 正式的

硬

夏日海滩

　　本组颜色明度对比较强烈。最浅的颜色(浅蓝、奶白)组合在一起，就奠定了风轻云淡的基调。再与其他颜色适当搭配，保持组合的轻盈柔软，就搭配出了夏日海滩的休闲气氛。

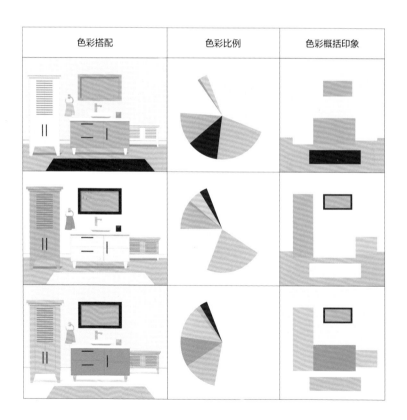

色彩搭配	色彩比例	色彩概括印象

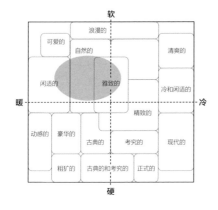

自在安逸

以颜色组合中明度中等的暖色（土黄、粉红）为主，再与其他颜色适当搭配，保持组合的软度，就显得温暖安逸。

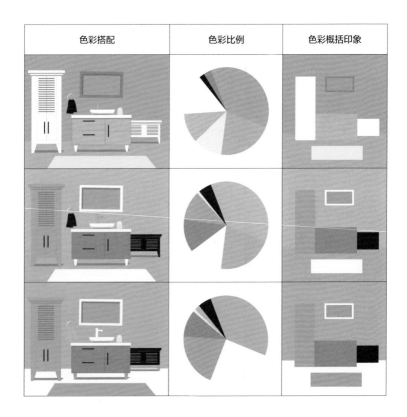

色彩搭配	色彩比例	色彩概括印象

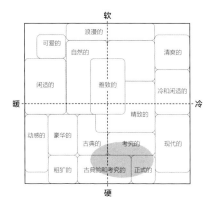

锦衣夜行

组合中的深蓝色浓重深沉，作为主要颜色（墙面或柜体）时，与其他颜色组合，总是能形成强烈的明度对比，此时的色彩组合必然处于坐标的底部偏冷的位置。

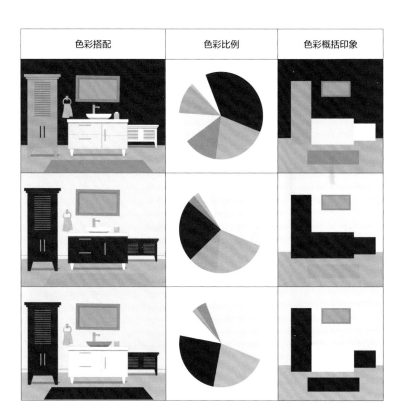

色彩搭配	色彩比例	色彩概括印象

3.3 配色组合三

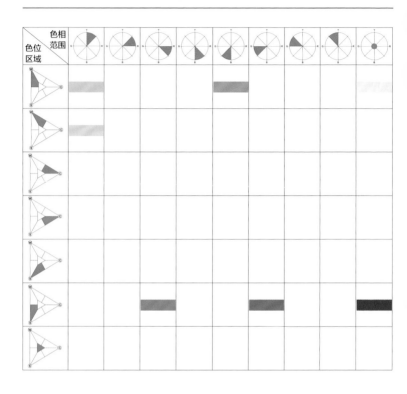

| N-23 | N-05 | YR-03 | YR-13 | RB-17 | RB-32 | G-03 |

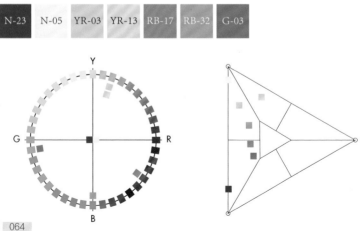

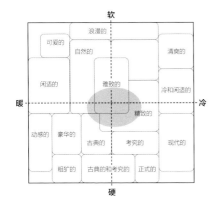

婉约风雅

本组颜色除去黑色,其他颜色明度对比适中,保持冷暖适中的技巧在于确保灰紫色的比例恰当。

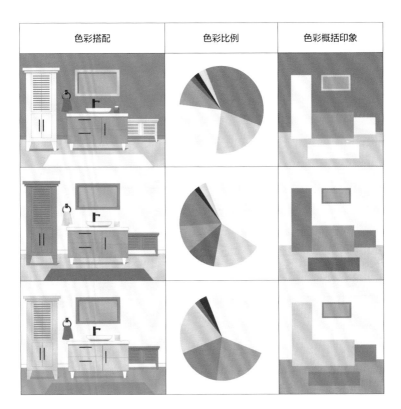

色彩搭配	色彩比例	色彩概括印象

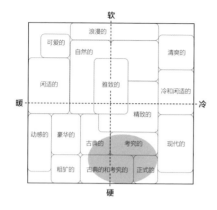

庄重高贵

　　色彩组合的整体偏硬，加大黑色的面积比例，拉大颜色间的明度对比，以表达硬朗庄重的氛围。

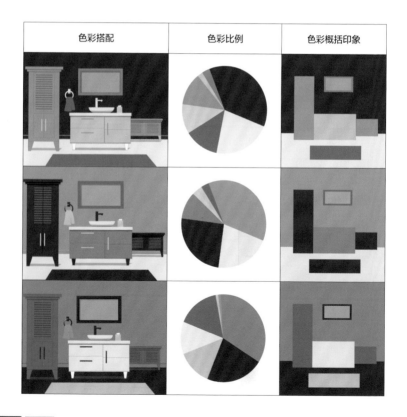

色彩搭配	色彩比例	色彩概括印象

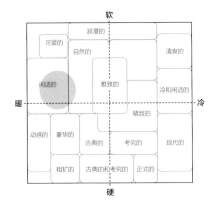

娴雅明媚

加大色彩组合中暖色的面积比例，保持色彩组合整体的柔软感，呈现明亮整洁的阳光感。

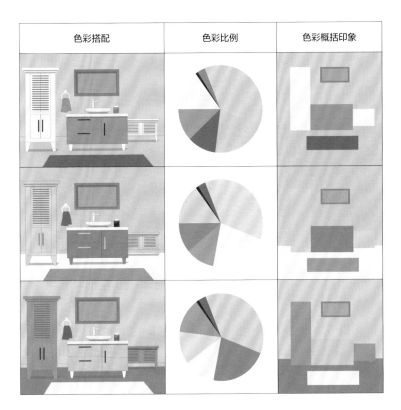

色彩搭配	色彩比例	色彩概括印象

3.4 配色组合四

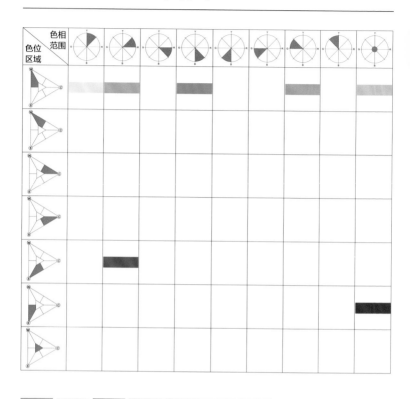

RB-20 Y-01 N-23 YR-44 YR-25 N-09 GY-13

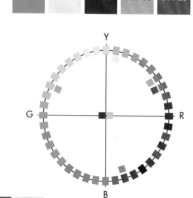

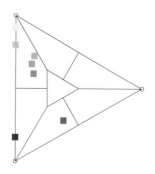

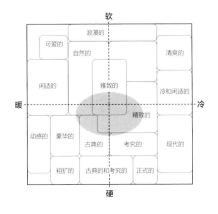

软

浪漫的
可爱的
自然的
清爽的
闲适的
雅致的
冷和闲适的
暖 —— 冷
精致的
动感的 豪华的
古典的
考究的
现代的
粗犷的
古典的和考究的
正式的

硬

典雅堂皇

本组颜色除黑色外，冷暖皆有且明度对比适中。将除黑色之外的各个颜色均匀配置，保持色彩组合整体的冷暖、软硬适中，表达典雅又堂皇的气质。

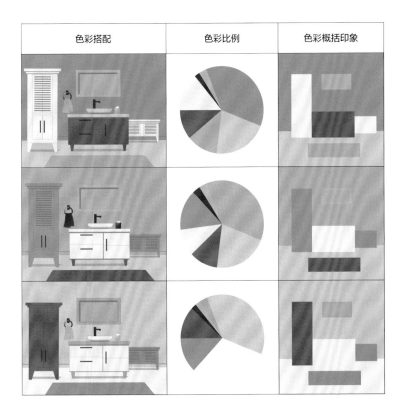

色彩搭配	色彩比例	色彩概括印象

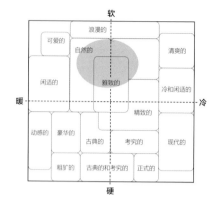

软

浪漫的

可爱的

自然的

清爽的

闲适的

雅致的

冷和闲适的

暖 ——— 冷

精致的

动感的 豪华的

古典的 考究的 现代的

粗犷的 古典的和考究的 正式的

硬

精巧大方

　　增加本组颜色中浅色的面积比例,将色彩组合整体变柔软,让配色变得更加亲切大方。

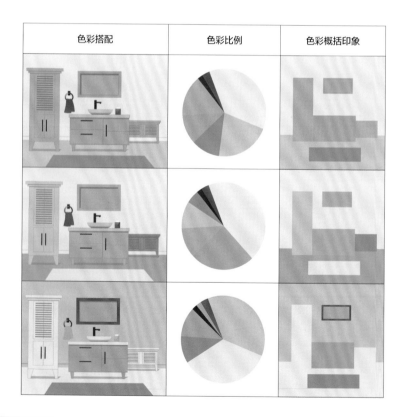

色彩搭配	色彩比例	色彩概括印象

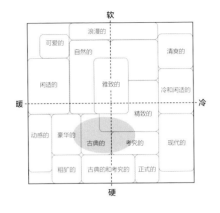

工整考究

　　增强本组色彩组合间的明度对比，将色彩组合的整体变得更加硬一些，组合氛围看起来就更加工整而考究。

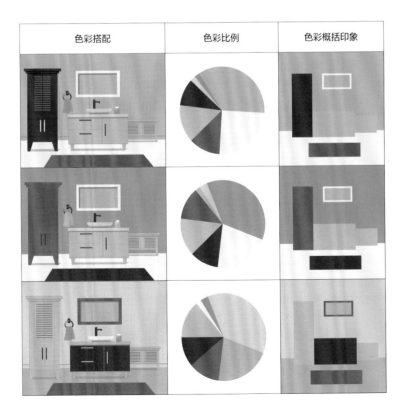

色彩搭配	色彩比例	色彩概括印象

3.5 配色组合五

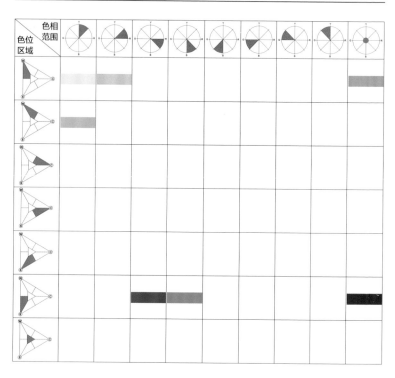

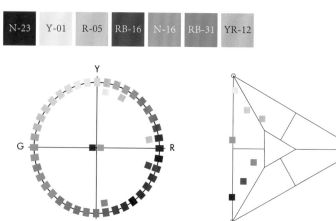

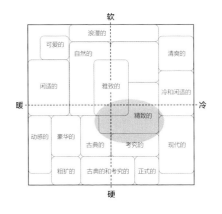

隐秘低调

    以较深的偏冷色调灰蓝色、灰紫色和暗紫色为主色，较高明度的浅黄色和浅粉色作为点缀色，色彩印象较硬，整体色调就处于低调神秘又带有活力光亮的氛围。

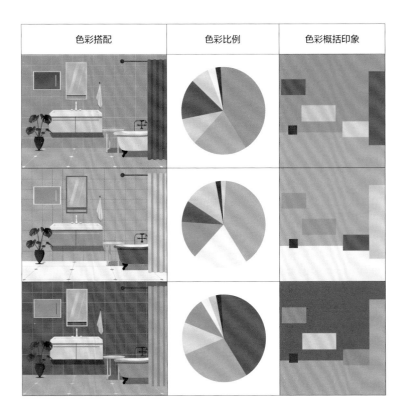

色彩搭配	色彩比例	色彩概括印象

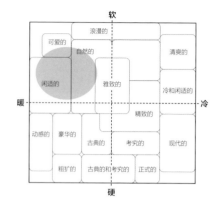

旖旎恬美

　　将较高明度的浅粉色和浅黄色作为主色，低明度的暗紫色和冷色作为点缀色，整体配色就会呈现明媚柔软的暖色调。

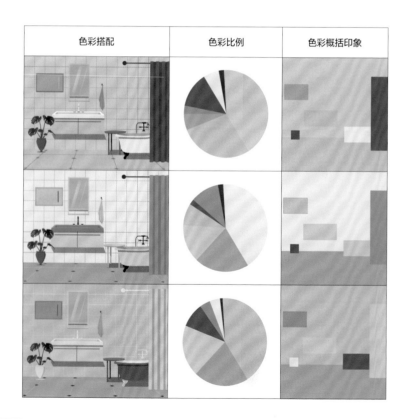

色彩搭配	色彩比例	色彩概括印象

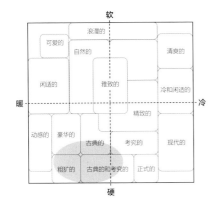

格调奢适

　　将低明度的黑色面积比例放大，作为主色或较大面积辅助色，暗紫色也以较大面积来呈现，整体色彩印象明显变硬，此时与明亮的浅黄色和白色形成强烈的明度对比，表现动感力量。

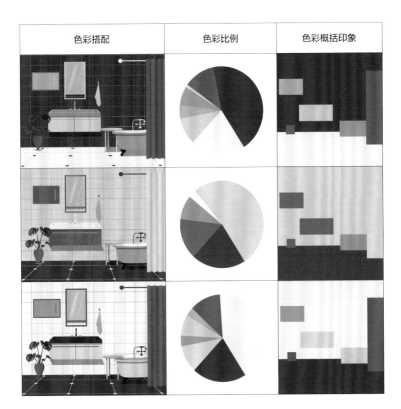

色彩搭配	色彩比例	色彩概括印象

3.6　配色组合六

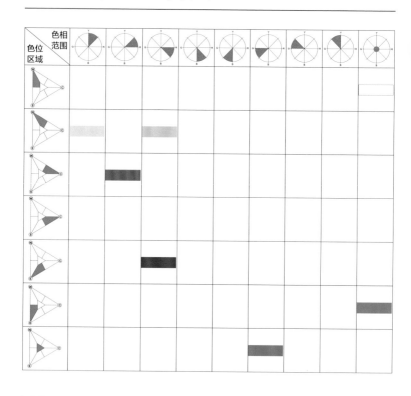

| N-18 | N-01 | R-05 | R-02 | YR-18 | BG-12 | RB-10 |

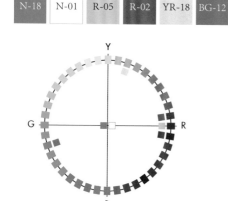

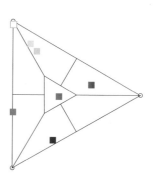

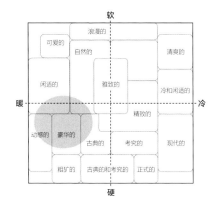

时尚女性

米白色、浅粉色和浅黄色为大面积背景色，与酒红色、大红色形成强烈的彩度、明度对比，绿色作为点缀色，呈现出时尚的女性力量。

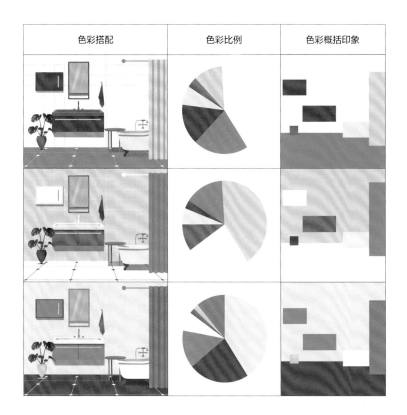

色彩搭配	色彩比例	色彩概括印象

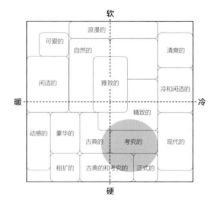

意气风发

加大绿色、深灰色的面积，与浅黄色和米白色搭配，构建更加硬朗的基调，加上酒红色、粉色、鲜红色，这样的红绿搭配经典而富有格调。

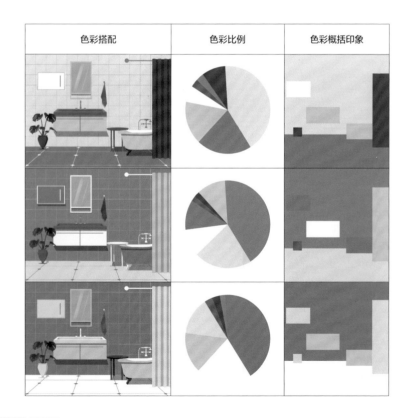

色彩搭配	色彩比例	色彩概括印象

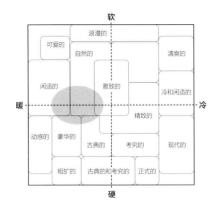

芬芳自然

　　相较于第一组配色"时尚女性"，本组配色将酒红色的面积比例缩小，整体的明度对比变弱，色彩印象就会稍软一些，呈现为浅淡的暖色调。

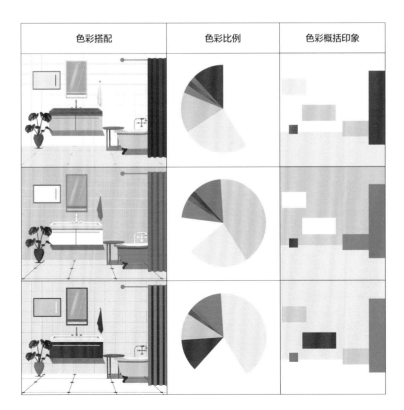

3.7 配色组合七

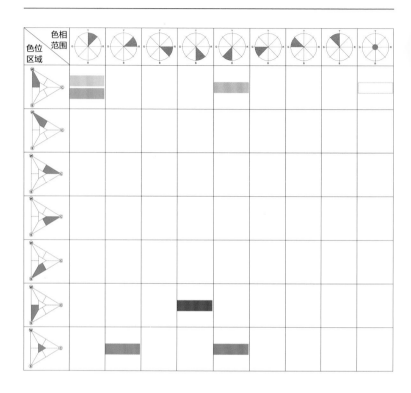

N-01　BG-03　YR-32　YR-21　BG-10　YR-23　RB-27

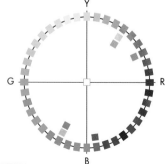

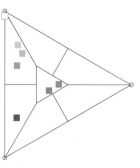

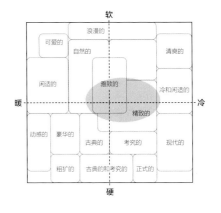

泳池派对

　　浅蓝色为主色调，中明度蓝绿色和低明度蓝色作为辅助色，暖色则为点缀色。中高彩度的橙色与蓝色调呈明显的彩度和色相对比，表现出暖意激情，整体呈现出夏日泳池的清透欢乐。

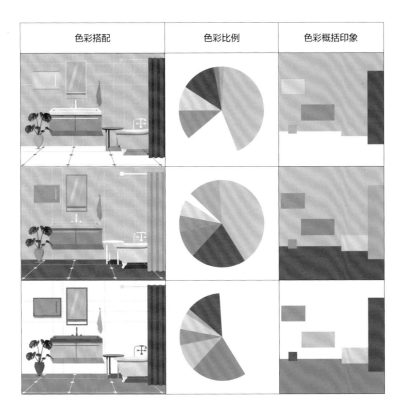

色彩搭配	色彩比例	色彩概括印象

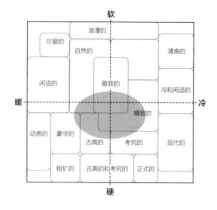

随性内蕴

加大深蓝色的面积，与暖咖色调组合，表现出低调有气质的男性魅力。

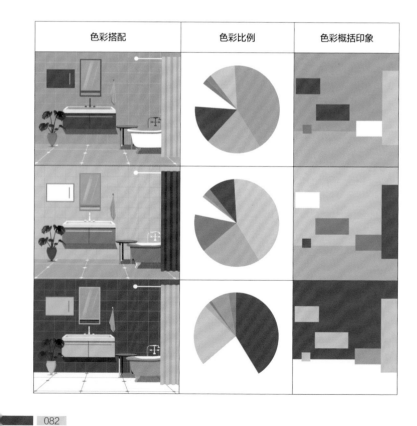

色彩搭配	色彩比例	色彩概括印象

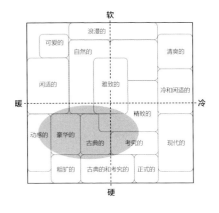

动感科技

将深蓝色与亮橙色作为主体色或是较大面积辅助色，呈现出强烈的彩度对比和色相对比，表现出数字化时代动感活跃的科技感。

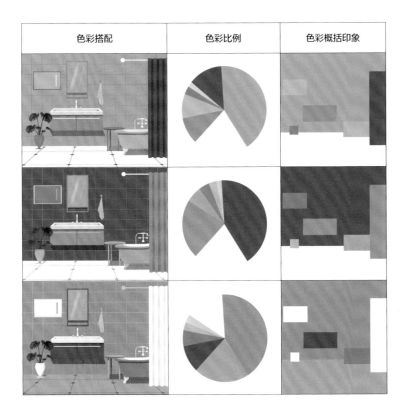

色彩搭配	色彩比例	色彩概括印象

3.8 配色组合八

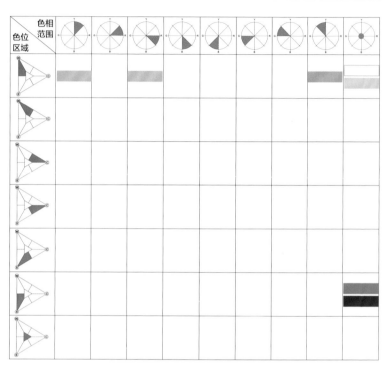

| N-23 | N-01 | N-11 | N-18 | YR-07 | R-05 | GY-11 |

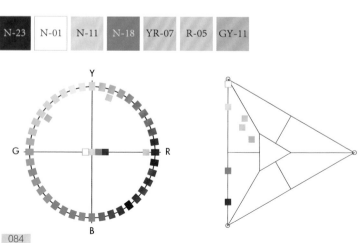

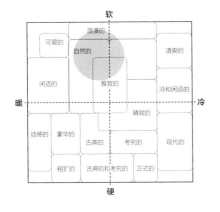

万物复苏

以柔嫩的浅绿色为基调，搭配奶白色和浅木色，整体感觉明媚轻柔，彰显春天萌芽的自然生机。

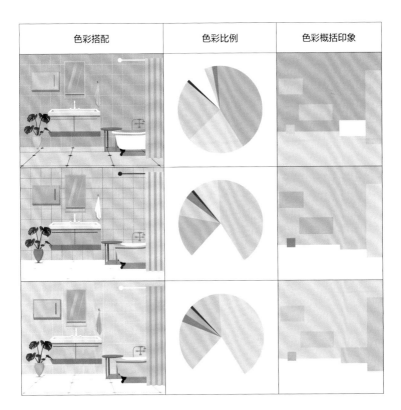

色彩搭配	色彩比例	色彩概括印象

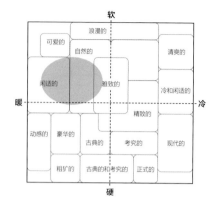

软

浪漫的
可爱的
自然的
清爽的
闲适的　雅致的
冷和闲适的
暖　　　　　　　　　　　冷
精致的
动感的　豪华的
古典的　考究的　现代的
粗犷的　古典的和考究的　正式的
硬

粉色潮人

　　浅灰、深灰、黑色与粉色搭配，是时下最流行的固定组合。浅绿与浅木色的加入，为这种固定组合带来一些不同。

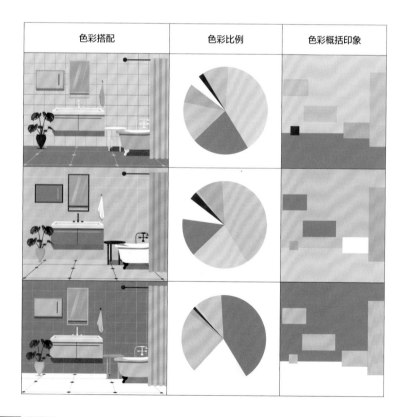

色彩搭配	色彩比例	色彩概括印象

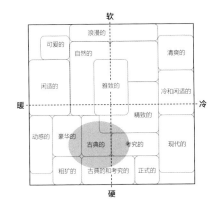

极简主义

  以无彩度的黑白灰为主色，中明度灰色和低明度黑色搭配，明度对比明显，层次清晰。与高明度白色或是较高明度的浅淡有彩色搭配，整体色彩印象明显变硬，表现出现代极简冷淡主义。

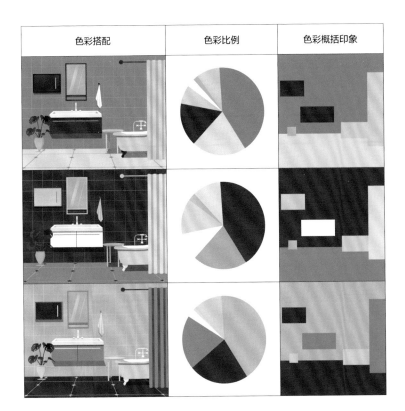

色彩搭配	色彩比例	色彩概括印象

卫生间色彩搭配提示

用色彩建立空间感

卫生间往往是家居环境中面积最小的部分。对小空间的处理，往往容易陷入一个误区，那就是无论墙面还是地面，都采用浅色。事实上，这样的处理并不会让空间看起来更大，反而可能因为没有深浅的对比，造成空间感的丧失。

卫生间的视觉安全感

滑倒是在卫生间中最常见的意外之一。卫生间空间往往是家中最湿滑的地方，而最易滑倒的时刻是迈出浴盆或走出淋浴间的一瞬间。很多老人跌倒后不仅容易发生骨折，还可能因猝不及防的摔倒诱发心血管问题。因此，卫生间空间在视觉上的稳定感就显得十分重要。如图30中的这类卫生间，因为缺乏立体感，再加上瓷砖的反光和触感的光滑，身在其中很容易产生不稳定感。而图31这样的卫生间色彩配置，就让地面、墙面通过不同明度的颜色区分开来，让空间感更强的同时，稳定感也更好。

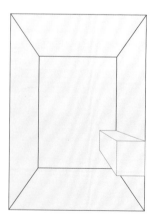

图30　模拟了一个简单的卫生间空间，墙面、地面、顶面、柜体都是一样的浅色。

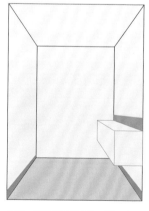

图31　加深了地面的颜色，添加了更深色的踢脚线，柜体上方增加一条更深的色条。此时的卫生间空间变得更加立体，明度上的对比让空间感更强。

第 4 章
室内空间色彩的意象氛围
厨房

4.1 配色组合一

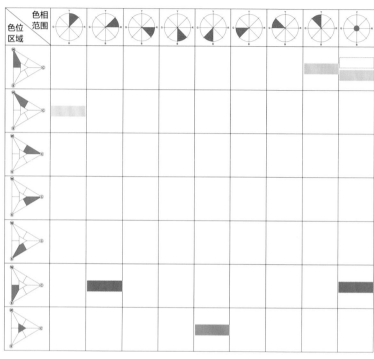

N-18　N-01　GY-10　Y-03　BG-08　YR-35　N-11

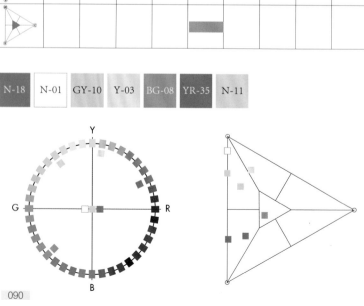

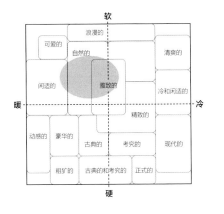

清丽明朗

本组配色以较高明度、较低彩度的浅色为主，明亮柔和的浅黄色和偏暖的浅绿色奠定了亲和的基调，而浅灰色作为大面积主色，浅黄色作辅助色时，整体意象也呈现清新明媚、较柔软的暖意。

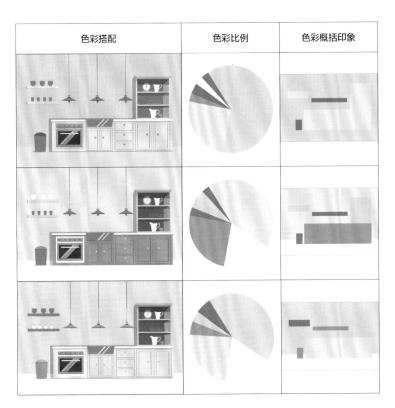

色彩搭配	色彩比例	色彩概括印象

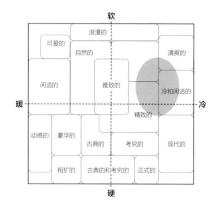

透澈清莹

本组配色将中明度绿色面积比例放大，弱化了浅黄色，空间的感受变得清凉起来。相比于第一组配色，本组搭配整体明度对比加强，颜色变深，绿色的主色调也使整体更明澈。

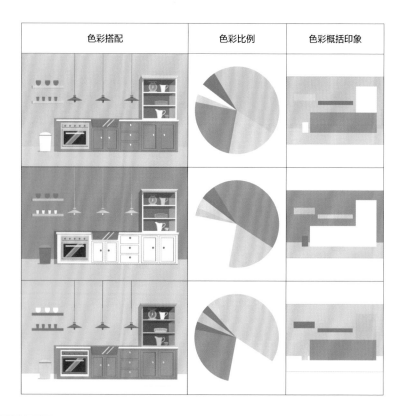

色彩搭配	色彩比例	色彩概括印象

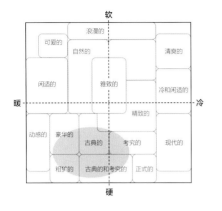

温暖淳厚

　　本组搭配将色谱组合中所有的暖色升级为主色，深灰色面积比例也放大，低明度的深棕色、深灰色与高明度的浅黄色、米白色形成较强烈的明度对比，整体变重，呈现温暖淳厚的氛围。

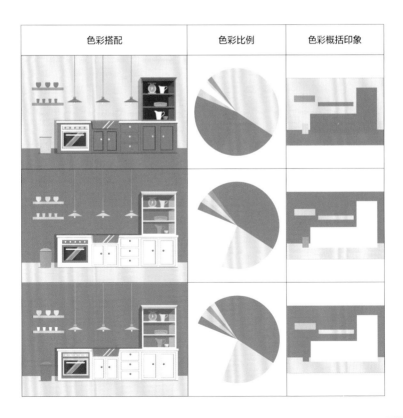

色彩搭配	色彩比例	色彩概括印象

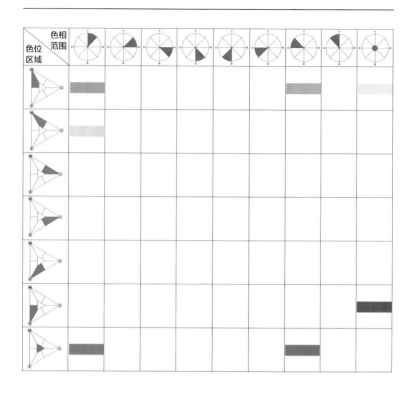

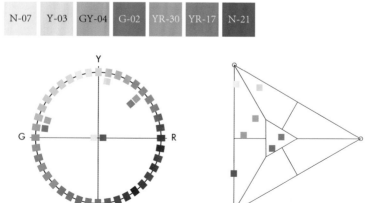

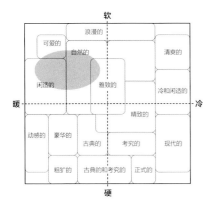

和煦暖阳

除橙色之外，将本组配色组合中的其他三个暖色作为主色，层次分明、明度对比适中，没有强烈的颜色对比，显得平和闲适。

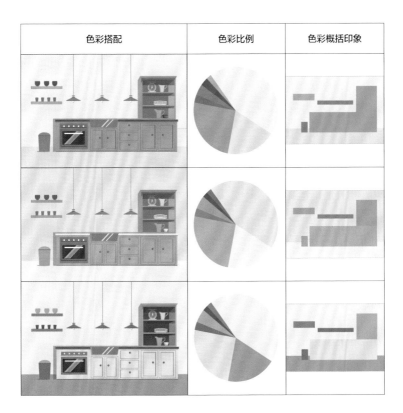

色彩搭配	色彩比例	色彩概括印象

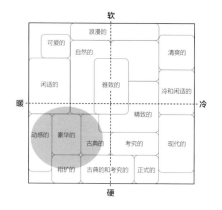

余晖灿烂

　　将色谱组合中较重的深灰色和橙色面积比例放大，与浅灰和黄色搭配，加大明度对比，让空间变得更硬，而高彩度的橙色也让氛围变得强烈饱和。

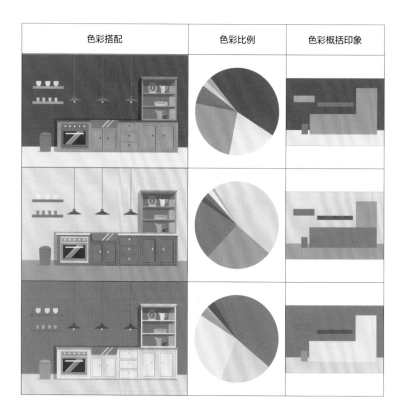

色彩搭配	色彩比例	色彩概括印象

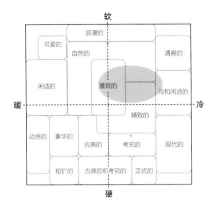

清雅隽秀

本组配色将冷色调的浅绿色和深绿色面积比例放大，与浅灰色组合，整体明度对比就大大减弱，空间呈现低彩度的柔和舒适色调，柔和的浅绿使整体氛围更雅致。

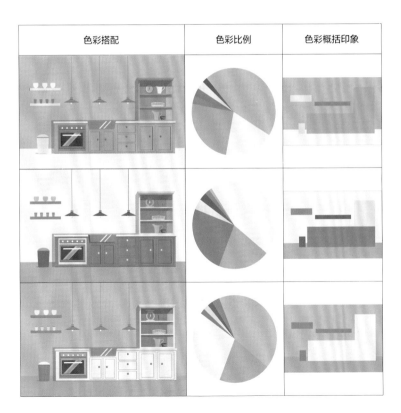

色彩搭配	色彩比例	色彩概括印象

4.3　配色组合三

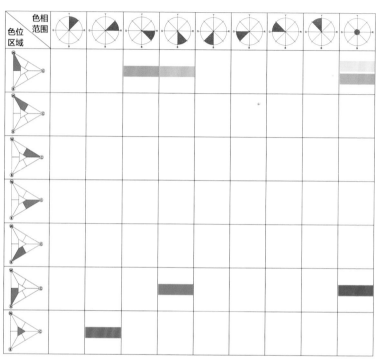

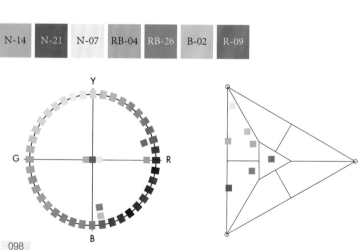

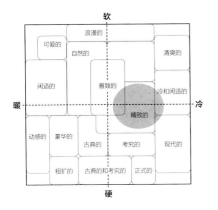

精致爽洁

蓝白为主的色彩基调，奠定了空间清爽休闲的基础情感氛围。而将具有褪色感的中明度红色作为点缀色，又使整体增添了几分复古俏皮的味道。

色彩搭配	色彩比例	色彩概括印象

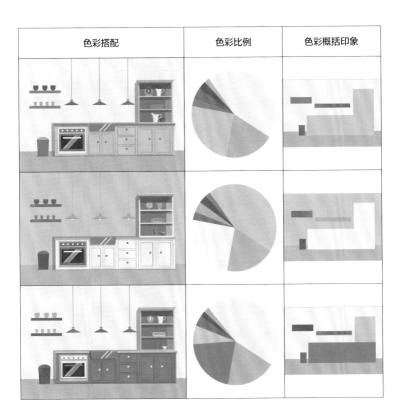

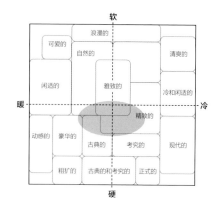

软

浪漫的

可爱的

自然的

清爽的

闲适的

雅致的

暖   冷

冷和闲适的

精致的

动感的

豪华的

古典的

考究的

现代的

粗扩的

古典的和考究的

正式的

硬

新潮青春

本组配色将灰粉色面积比例明显放大，与蓝色搭配，色相对比较明显，整体彩度比第一组配色要高，色彩印象较硬，表现出的是更多的活力和潮流感。

色彩搭配	色彩比例	色彩概括印象

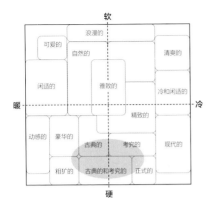

清纯恬美

本组配色是三组配色中整体最饱和、明度对比最强烈的一组，中低明度的红色、蓝色和灰色面积比例放大，拉低了整体明度，使空间变得既饱和跃动，又透着复古考究的韵味。

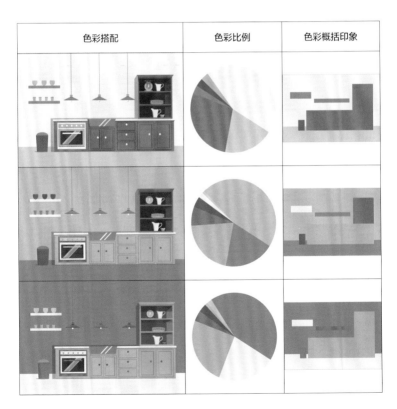

色彩搭配	色彩比例	色彩概括印象

4.4 配色组合四

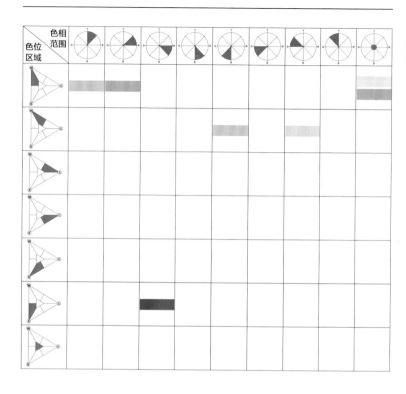

| N-14 | N-07 | RB-09 | YR-42 | YR-20 | BG-03 | GY-06 |

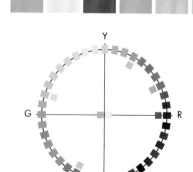

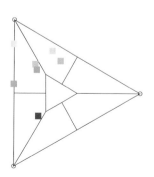

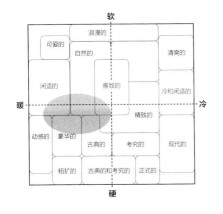

适度奢华

　　以中高明度的米白色、浅橘色、浅灰色为主色，低明度的深紫红色为辅助色，冷色调的蓝绿色则为点缀色，此时整体配色明度对比强烈、层次分明，色彩印象偏硬，表现为红黄色调的、适度奢华的古典氛围。

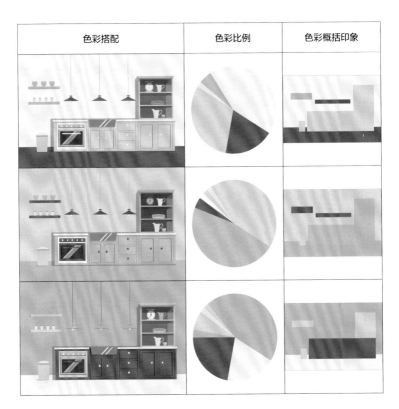

色彩搭配	色彩比例	色彩概括印象

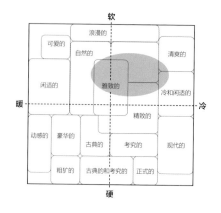

清冽舒爽

本组色谱的蓝色、绿色都是明度较高的颜色，将它们的面积比例放大，与中高明度的米白色、浅黄色和浅灰色共同作为主色，那么整体就呈现明亮、清爽、较柔软的偏冷色调。

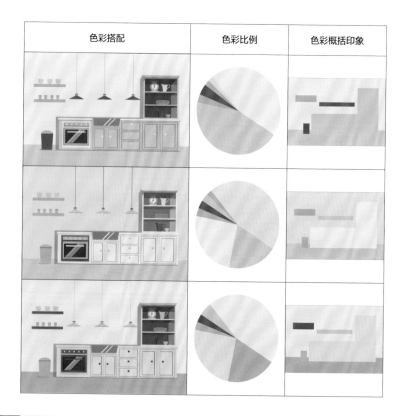

色彩搭配	色彩比例	色彩概括印象

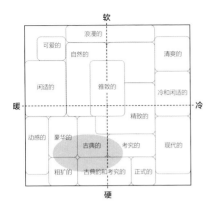

"非常"古典

　　将本组色谱中的色彩关系强调为红、绿色相对比，同时保持明度上的强对比，空间的整体氛围变得更加戏剧性和非常规，既富有趣味，又保持着奇妙的古典感。

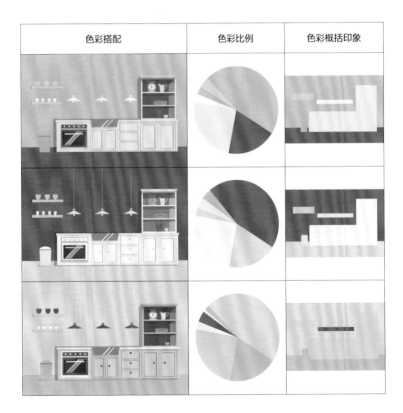

色彩搭配	色彩比例	色彩概括印象

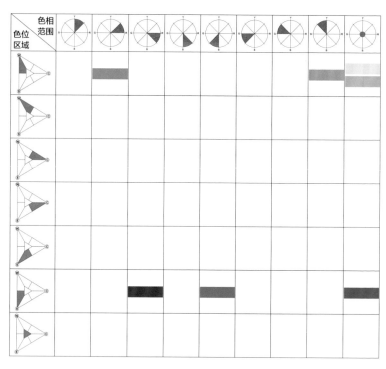

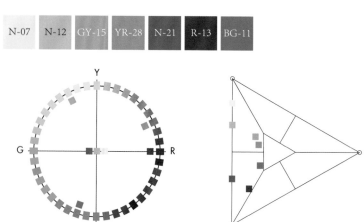

| N-07 | N-12 | GY-15 | YR-28 | N-21 | R-13 | BG-11 |

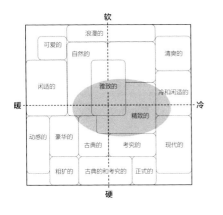

丛林隐士

深沉的绿色，或是橱柜，或是墙面，与灰色、深红色构成隐秘的丛林感。搭配时保持明度上的多层次、中对比，让空间表达出恰到好处的精致感。

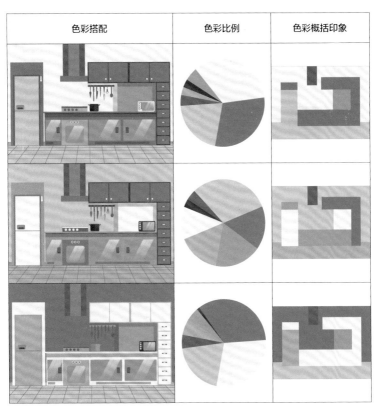

色彩搭配	色彩比例	色彩概括印象

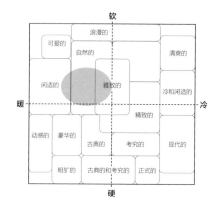

静逸诗意

本组配色将暖色调的中明度珊瑚红色和灰绿色的面积比例放大，整体颜色的明度提高，明度和彩度对比较弱，色彩印象变软，更明亮柔和一些。

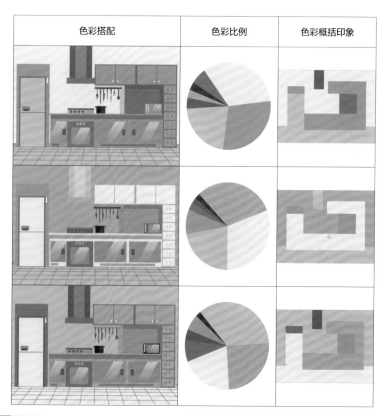

色彩搭配	色彩比例	色彩概括印象

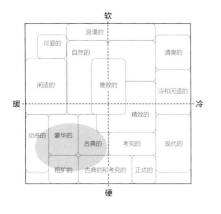

雍容典雅

　　将明度最低的深酒红色面积比例明显放大，作为主题色或背景色与中高明度的浅色搭配，呈现出强烈的明度对比，深灰色使整体配色更深沉低调，绿色的点缀与酒红色形成色相对比。

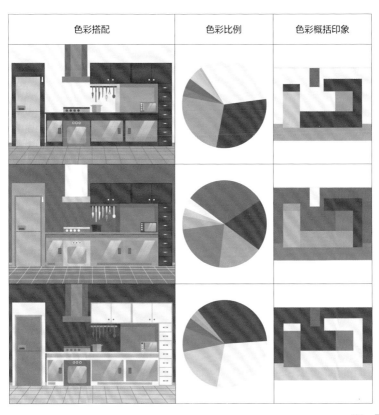

色彩搭配	色彩比例	色彩概括印象

4.6 配色组合六

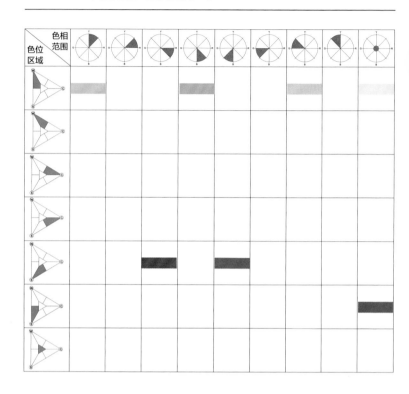

| N-21 | N-06 | YR-10 | B-07 | GY-07 | RB-13 | R-10 |

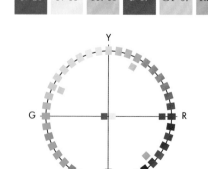

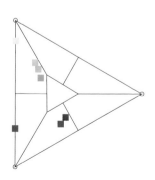

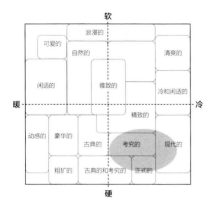

静寂皎洁

本组色谱组合中的湖蓝色作为较大面积的辅助色，与中高明度、彩度的大面积浅色搭配，呈现较强烈的明度对比，使整体色彩印象较硬，清冷中又透出一丝优雅。

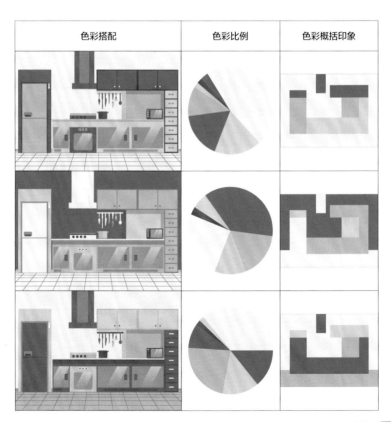

色彩搭配	色彩比例	色彩概括印象

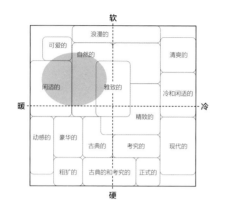

纤柔和煦

本组颜色搭配将浅黄色、浅紫色、浅绿色面积比例放大，高明度灰白色构成空间色彩的主调，让色彩氛围变得柔和、可爱。

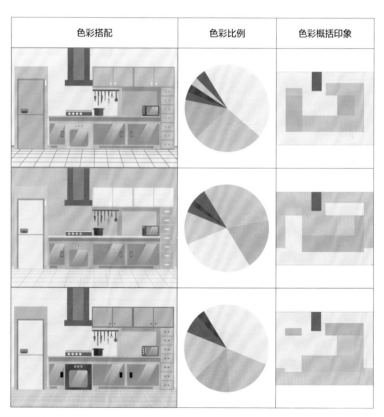

色彩搭配	色彩比例	色彩概括印象

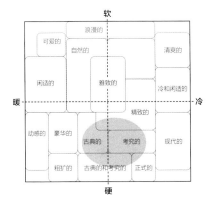

精巧复古

　　紫色面积的加大，让整个空间的表情变得不一样起来。这样的配色并不常见，但明度对比较强烈，层次分明，看起来精巧简练，在实际应用时可以根据情况作调整。

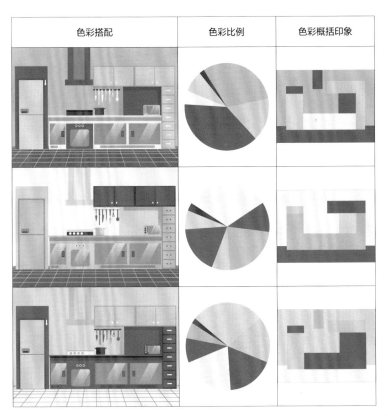

色彩搭配	色彩比例	色彩概括印象

4.7 配色组合七

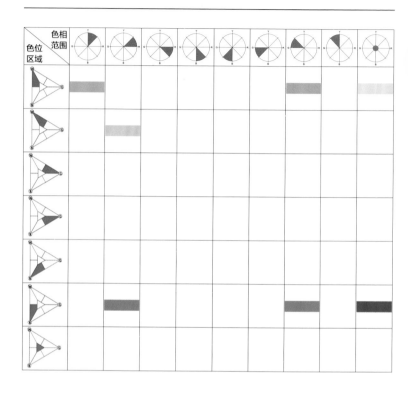

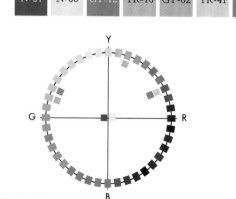

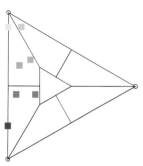

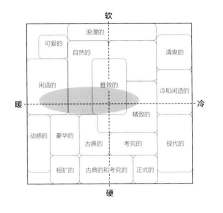

愉悦祥和

本组色谱本身彩度都比较适中，明度对比细腻，因此选择其中明度较高的颜色作主色调，氛围上比较容易达到愉悦祥和的效果。

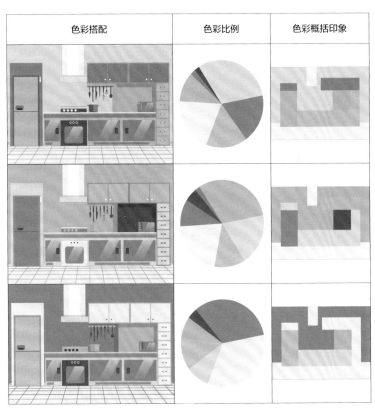

色彩搭配	色彩比例	色彩概括印象

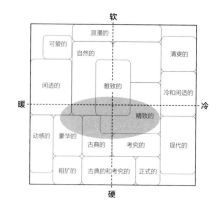

爽朗率真

　　本组配色强调粉色与黑色、灰色的搭配效果，比较符合近几年的潮流，绿色调在其中作调和，表达更多可能。

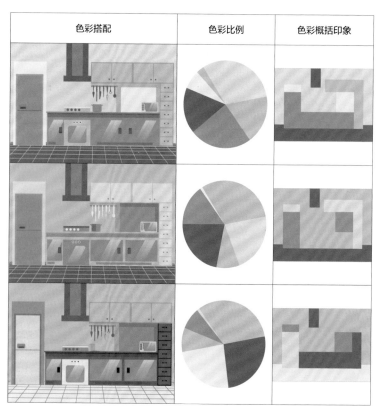

色彩搭配	色彩比例	色彩概括印象

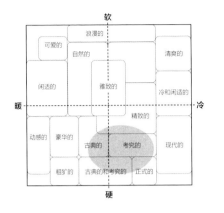

绿野仙踪

　　将橄榄绿和浅绿色面积比例放大作为主色，表现出整体的自然、清新、舒适感，随着低明度的深灰色由点缀色到较大面积辅助色的转变，整体配色明度对比感增强，色彩印象会随之变硬。

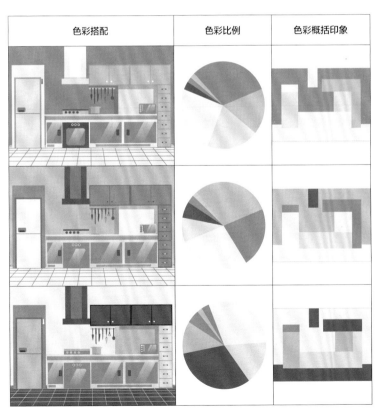

色彩搭配	色彩比例	色彩概括印象

4.8 配色组合八

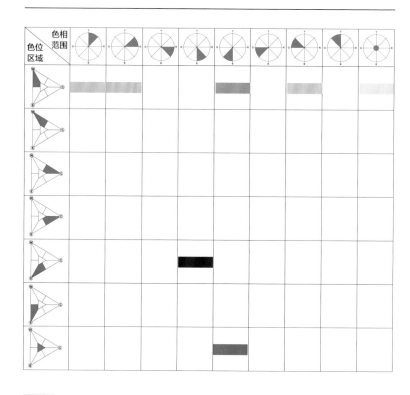

| RB-23 | N-06 | YR-05 | GY-08 | BG-06 | B-06 | RB-02 |

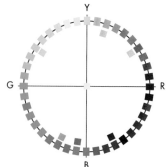

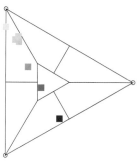

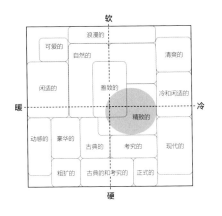

清透水灵

湖绿色与浅粉色、浅黄色、灰白色搭配，表现出恰当的明度层次，湛蓝色点缀其中，显得清透水润而富有灵性。

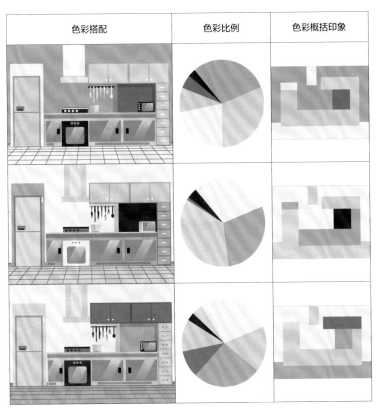

色彩搭配	色彩比例	色彩概括印象

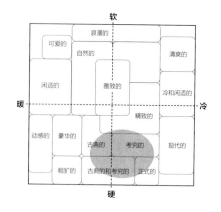

深邃明澈

加大湛蓝色的面积，与其他柔软轻盈的浅色形成了强烈的明度和彩度对比，此时整体配色变得饱和，前后层次感愈加明显，色彩印象变硬，更有力量感。

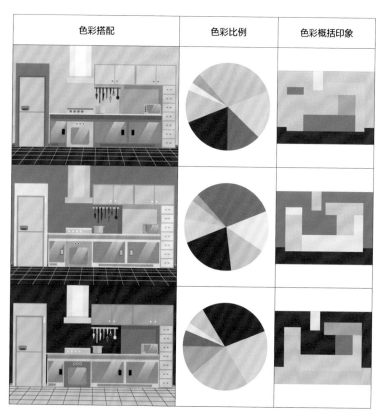

色彩搭配	色彩比例	色彩概括印象

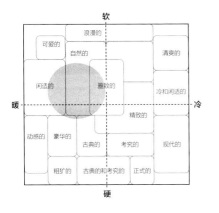

粉润爽洁

浅粉色、浅黄色和灰白色作为大面积主色，水蓝色和浅绿色作为辅助色融入其中，整体呈现柔和舒适的暖色调，低明度、中高彩度的湛蓝色作为突出的点缀色，使整体更具有现代格调。

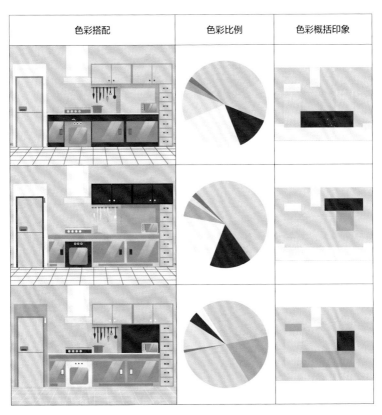

色彩搭配	色彩比例	色彩概括印象

厨房色彩搭配提示

不要忽视填缝剂的颜色

对于厨房、卫生间这样需要大量使用瓷砖的空间，人们往往只关注瓷砖的颜色，却忽略了瓷砖填缝剂的颜色。其实填缝剂的颜色不同，可能会对瓷砖最终的效果产生明显的影响。

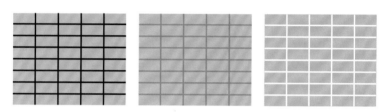

图 32　同样颜色的瓷砖，使用黑色填缝剂的墙面看起来就比使用白色填缝剂的墙面要重和深。

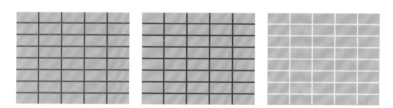

图 33　同样颜色的瓷砖，分别使用红色、蓝色、黄色的填缝剂，最终的感官和色彩印象完全不同。

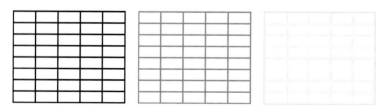

图 34　白色瓷砖如果用黑色填缝剂，那么瓷砖的存在感就变得很强，而如果使用白色填缝剂，则存在感变得很弱。

第 5 章

室内空间色彩的意象氛围

卧室

5.1 配色组合一

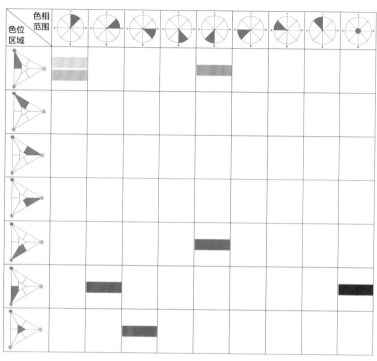

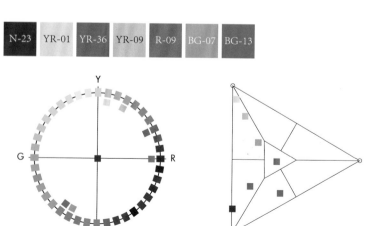

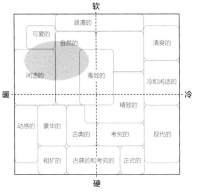

佳人一方

沉稳的红绿组合奠定了古典的基调，浅黄色和米白色作为较大面积的辅助色，使整体配色多了透气感，最终表现为较饱和、浓重的古典韵味。

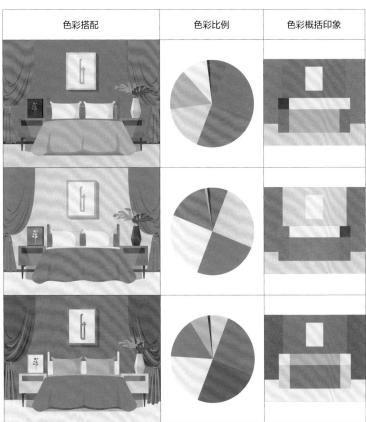

色彩搭配	色彩比例	色彩概括印象

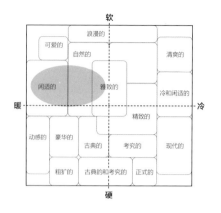

舒适贴心

加大暖色调的浅黄色、米白色的面积使整体配色变暖，并且趋于浅淡柔和、温馨舒适。

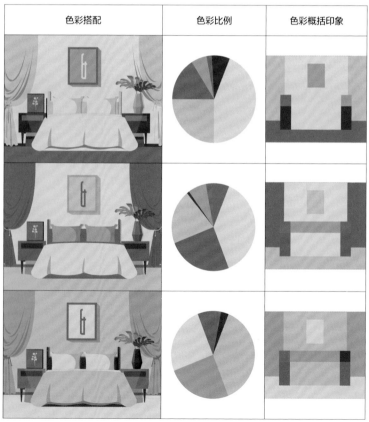

色彩搭配	色彩比例	色彩概括印象

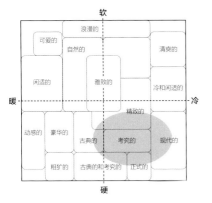

民宿野奢

　　将冷色调的两种蓝色作为主色，呈现出类似色搭配的较强明度对比，暖色调的浅黄色和中明度棕色作为辅助色，冲淡了蓝色过于冷清的感觉，使整体配色更显通透舒畅。

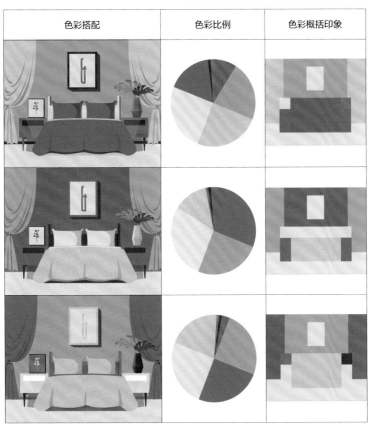

色彩搭配	色彩比例	色彩概括印象

5.2　配色组合二

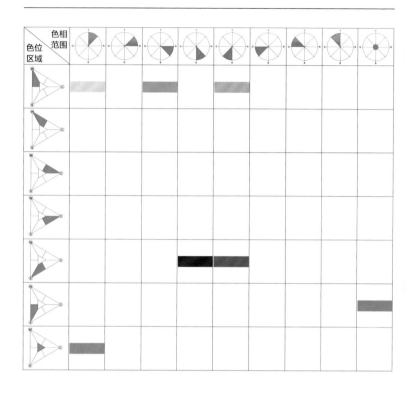

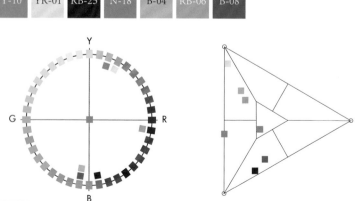

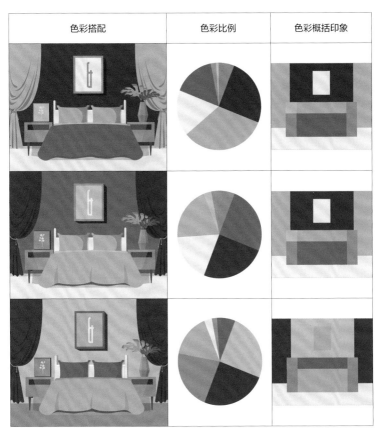

软

浪漫的
可爱的
自然的
清爽的
闲适的
雅致的
冷和闲适的
精致的
动感的　豪华的
古典的　考究的
现代的
粗犷的　古典的和考究的　正式的

暖

冷

硬

魔法秘境

　　将三种不同明度和彩度的蓝色组合搭配作为主体色，与较大面积的中高明度的浅粉色搭配，形成明显的色相对比，三种蓝色层次感清晰，低明度、中彩度的湛蓝色使整体色彩印象变硬，更显神秘幽静。

色彩搭配	色彩比例	色彩概括印象

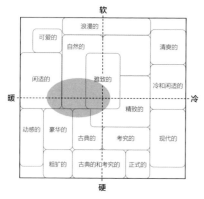

童话公主

　　以浅米色、粉色为主色，此时整体呈现柔软的粉色、米白色与浅蓝色的和谐搭配，极具绵软的童话色彩。

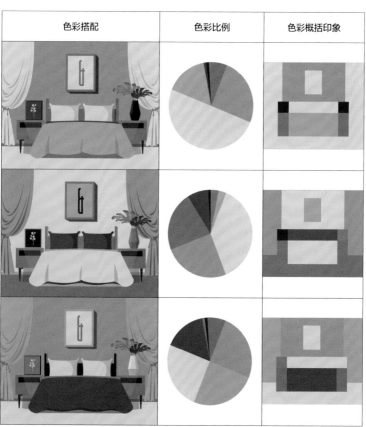

色彩搭配	色彩比例	色彩概括印象

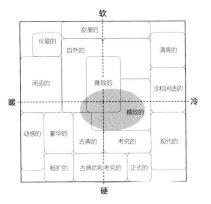

优雅高贵

随着中明度蓝绿色面积比例的放大，色彩印象也随之变硬，合理组成明度差，控制明度对比，让配色印象的软硬程度介于前两组之间，显得优雅高贵。

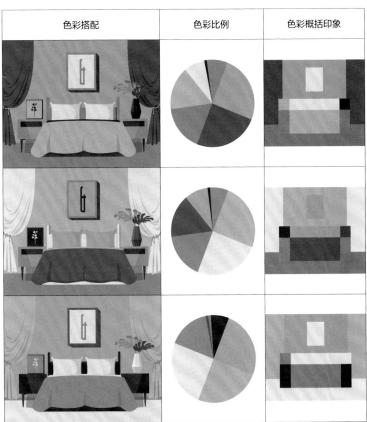

色彩搭配	色彩比例	色彩概括印象

5.3 配色组合三

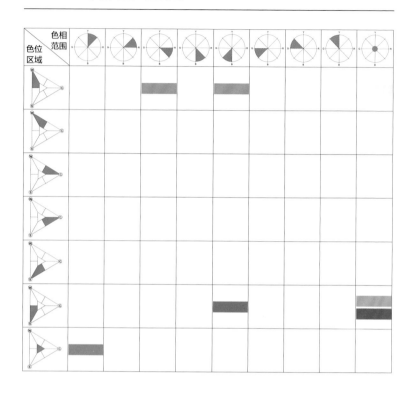

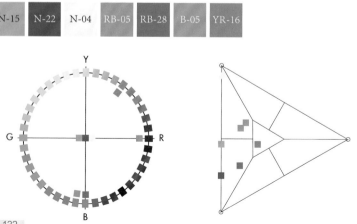

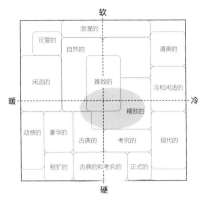

舒缓自在

  将本组色谱中的橙色与粉色作为主要的布艺颜色，白色、灰色作为主要的背景色，明度适中，张弛有度，舒缓自然。

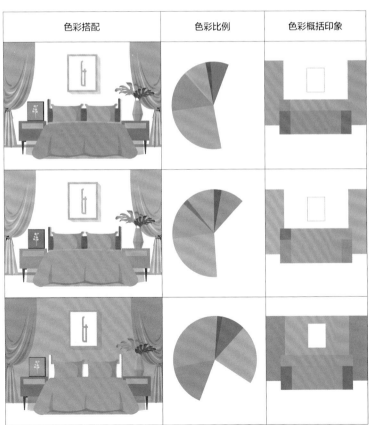

色彩搭配	色彩比例	色彩概括印象

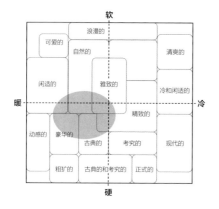

古典轻奢

本组配色仍以暖色调为主，但将低明度深灰色的面积比例放大，作为较大面积的背景色出现，与中粉色和浅灰色形成较强烈的明度对比，加上较饱和的橙色，整体色调更为饱和张扬，古典豪华。

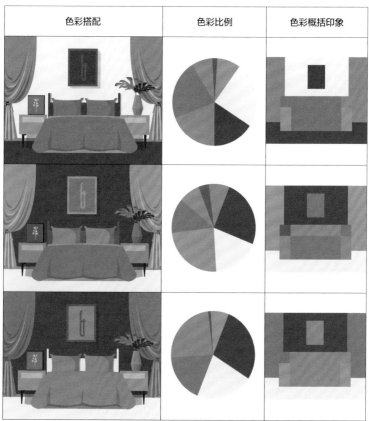

色彩搭配	色彩比例	色彩概括印象

内敛刚毅

将两种蓝色以及深灰色作为主色调，空间充满深沉刚毅的气氛，暖色调的橙色和粉色作为点缀色，打破整体的沉闷，透进朝气。

软

可爱的	浪漫的	
	自然的	清爽的
闲适的	雅致的	冷和闲适的

暖 · · · · · · · · · 冷

		精致的	
动感的	豪华的	古典的	考究的	现代的
	粗犷的	古典的和考究的	正式的

硬

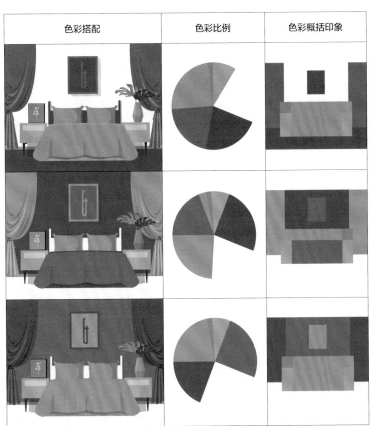

色彩搭配	色彩比例	色彩概括印象

5.4 配色组合四

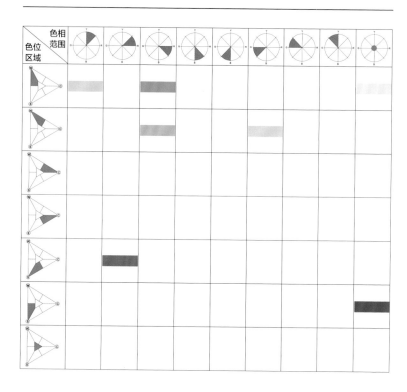

N-22 N-07 YR-04 RB-11 R-07 GY-01 YR-36

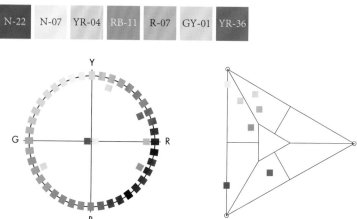

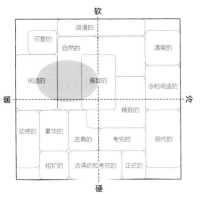

梦幻轻盈

暖色调的浅粉色、浅黄色、米白色与同样柔和的浅蓝色和浅紫色，构建出梦幻轻盈的空间基调，深灰色和较饱和的棕色点缀色，可以让空间更为稳定一些。

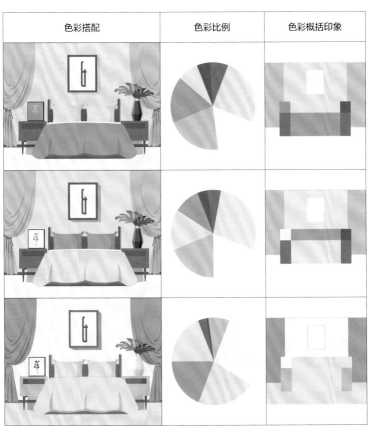

色彩搭配	色彩比例	色彩概括印象

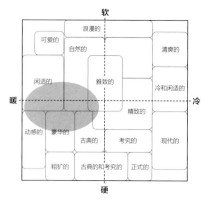

美妙奇趣

加大棕色和深灰色的面积，与其他浅色形成较强烈的明度对比，同时用棕色调和明度对比，让空间的前后层次关系更明晰。

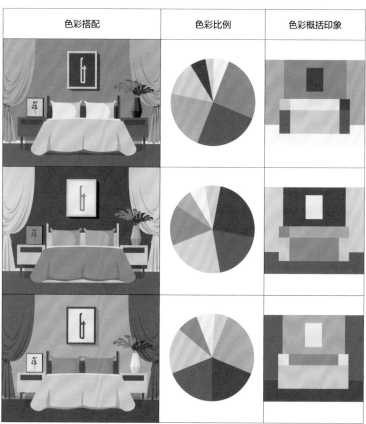

色彩搭配	色彩比例	色彩概括印象

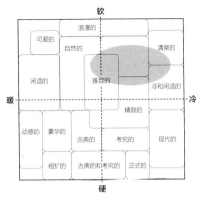

软
浪漫的
可爱的
自然的
清爽的
闲适的
雅致的
冷和闲适的
精致的
暖 --- 冷
动感的 豪华的
古典的 考究的 现代的
粗犷的 古典的和考究的 正式的
硬

宽敞明亮

将浅蓝色面积比例放大，与暖色调的浅黄色、浅粉色构成更为明亮轻盈的环境，整体配色就变得干净温顺。

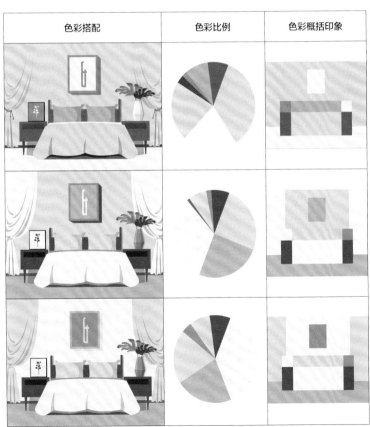

色彩搭配	色彩比例	色彩概括印象

5.5　配色组合五

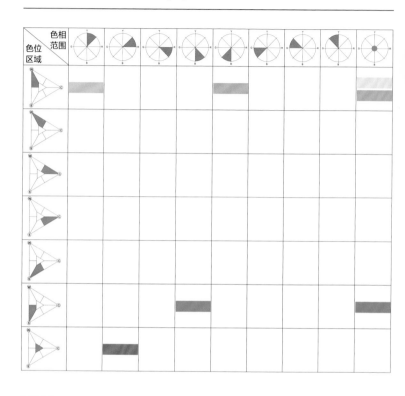

| Y-11 | N-08 | N-17 | BG-05 | YR-26 | N-18 | RB-29 |

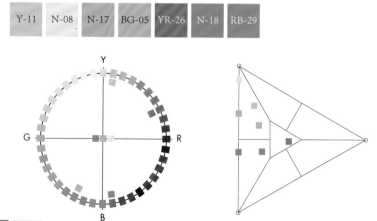

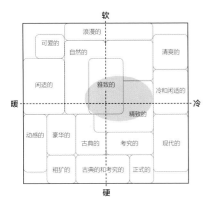

神清气爽

冷色作为重要的颜色出现，米白色作为辅助色，暖色调的浅黄色和橙色为点缀色，整体表现为对比不太强烈、平和闲适的氛围。

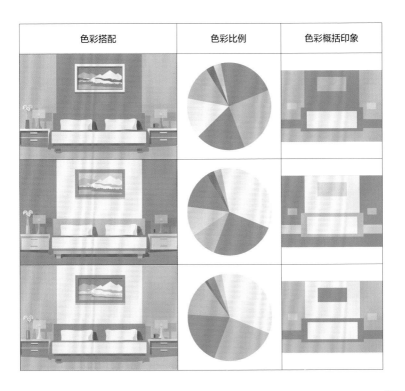

色彩搭配	色彩比例	色彩概括印象

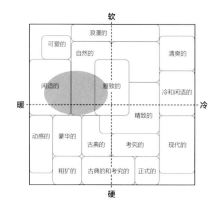

窗明几净

　　缩小冷色调的比例，加大中性暖色（黄色、米白色）的面积，橙色则为极小面积点缀色，整体就呈现浅淡柔和的暖灰色调。

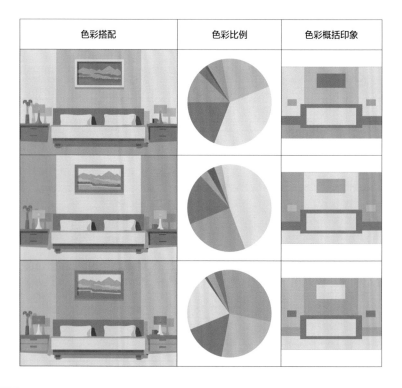

色彩搭配	色彩比例	色彩概括印象

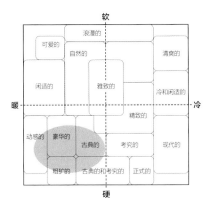

率性奔放

　　将强烈的橙红色面积加大，与其他低彩度色形成强烈对比，在整体灰色调的基础上表现出明显的炽热暖意，古典中透着热情动感。

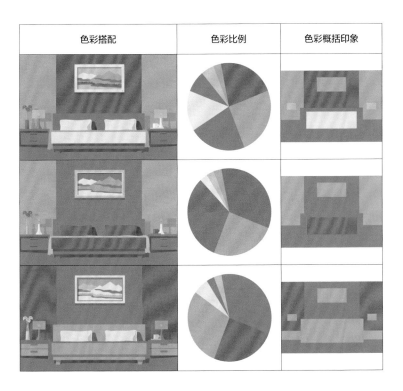

色彩搭配	色彩比例	色彩概括印象

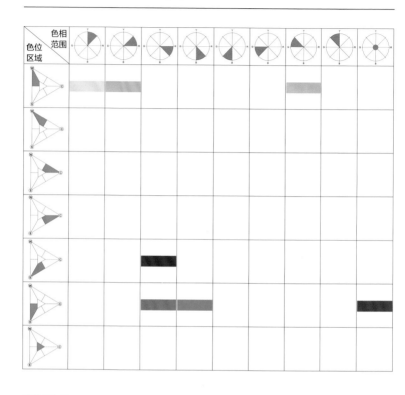

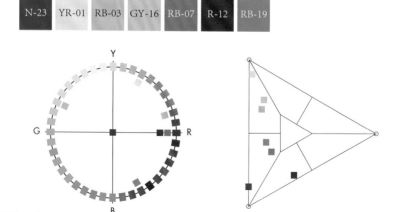

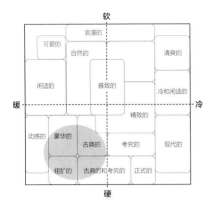

淡妆浓抹

粉色、紫色、深酒红色，这三个颜色构成了浓烈的情感表达，呈现端庄高贵的气质。

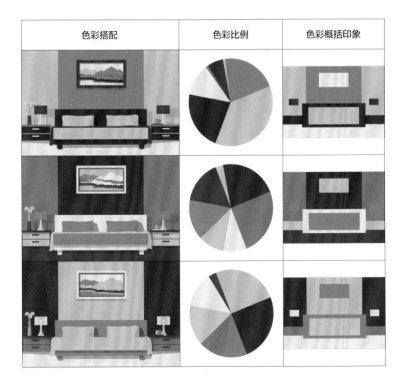

色彩搭配	色彩比例	色彩概括印象

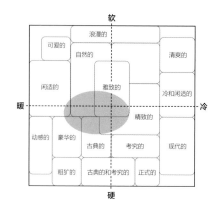

柔媚娇羞

　　将深酒红色面积比例缩小，作为点缀色呈现，较浅的两种粉色和米白色作为大面积主体色，淡雅的浅绿色为辅助色，整体色调变得娇柔。

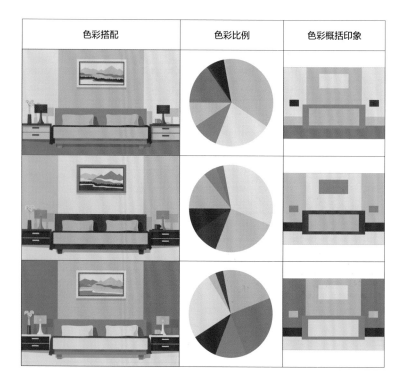

色彩搭配	色彩比例	色彩概括印象

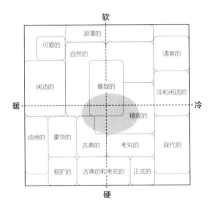

清丽高雅

　　将暧昧的暖绿色、紫色和米白色作为主体色，暖色调的粉色、深酒红色则作为点缀色出现，呈现出清秀雅致之感。深灰色面积比例缩小，整体明度对比也会减弱，色彩印象随之变软。

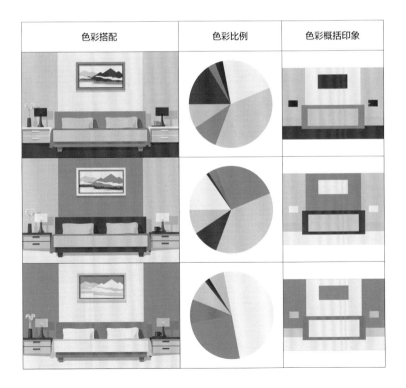

色彩搭配	色彩比例	色彩概括印象

5.7 配色组合七

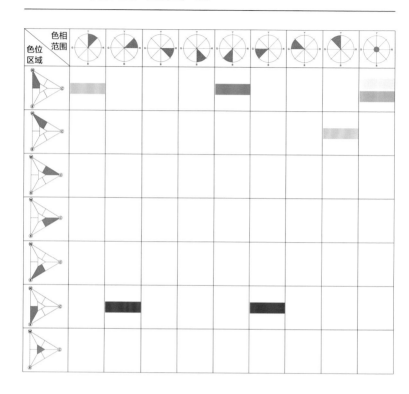

YR-38　N-04　YR-02　N-12　GY-09　BG-09　BG-15

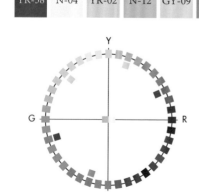

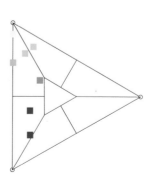

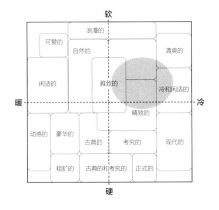

简约明快

　　湖蓝色作为重要的颜色，与大面积浅色搭配，呈较强烈的彩度对比，明度则较为和谐相近，深棕色、深绿色为点缀色，使整体在通透中多了一些稳固。

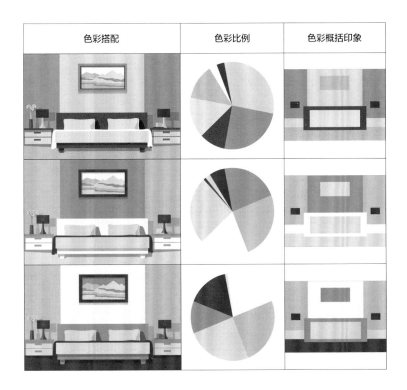

色彩搭配	色彩比例	色彩概括印象

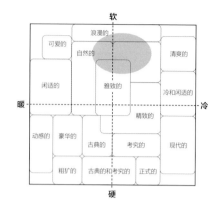

闲雅自得

浅黄、浅绿和浅灰、白色为主体色,明度和彩度都极为相似,呈现柔和朦胧的基调,加入深棕色、深绿色或是湖蓝色作为辅助色,则使整体的轻盈多了几分淳厚踏实。

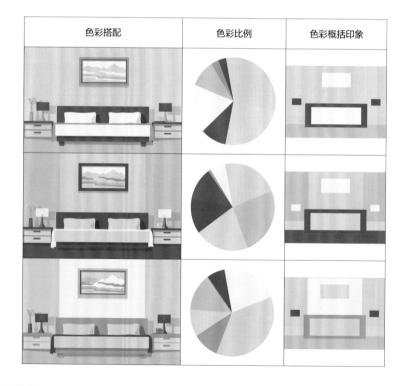

色彩搭配	色彩比例	色彩概括印象

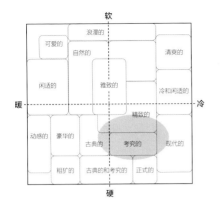

软

浪漫的		
可爱的	自然的	清爽的
闲适的	雅致的	冷和闲适的

暖 ――――――――――――――― 冷

	精致的	
动感的	豪华的	古典的	考究的	现代的
	粗犷的	古典的和考究的	正式的

硬

睿智深远

将湖蓝色和深绿色面积比例放大，作为主体色，深棕色作为辅助色，此时空间的整体饱和感变强，明度对比较强烈，色彩印象明显变硬，显得理智深沉。

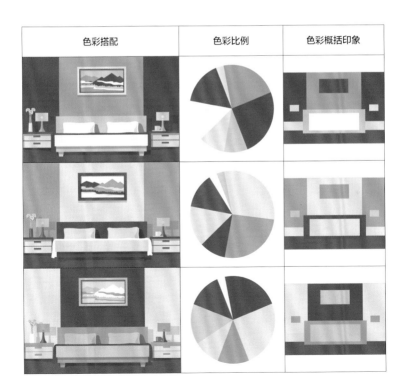

色彩搭配	色彩比例	色彩概括印象

5.8　配色组合八

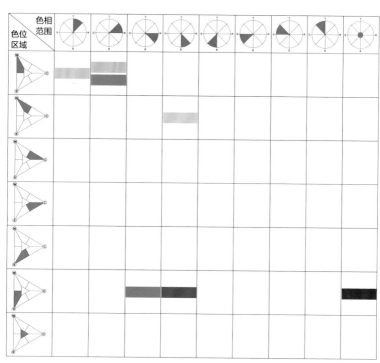

| YR-19 | B-01 | RB-08 | RB-01 | RB-15 | RB-21 | N-23 |

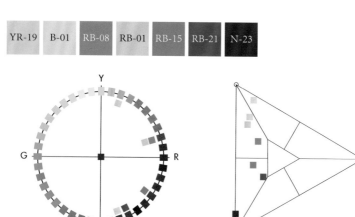

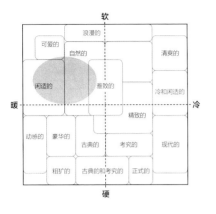

淑女心事

浅粉色和中明度的橡皮红、灰紫色相互搭配，奠定了典雅的女性基调，而浅黄色与黑色的加入，为空间增加了一丝神秘感。

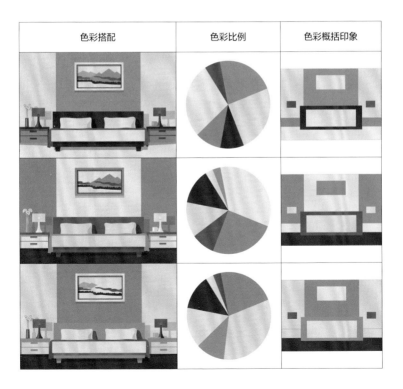

色彩搭配	色彩比例	色彩概括印象

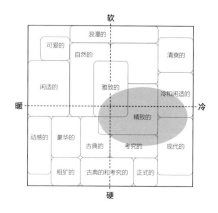

高贵冷峻

加大蓝紫色和黑色的面积时，整体色调显得冷峻高贵，而其他浅色的加入，使空间整体变得更为亲和，不至于过于高冷。

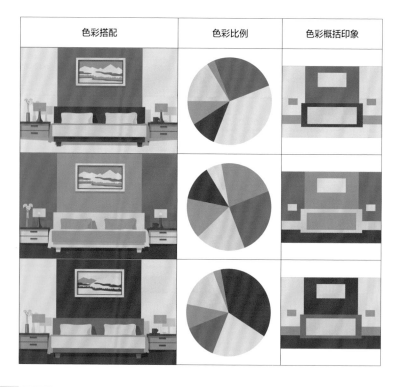

色彩搭配	色彩比例	色彩概括印象

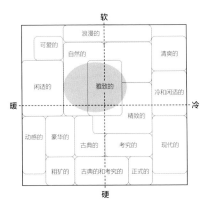

率真烂漫

　　相较于本组色谱中的第一组配色，柔和的浅粉色、浅黄色面积比例更大，基调更柔软，当加大蓝紫色、灰紫色和黑色的面积时，色彩印象就稍硬，更显活泼好动。

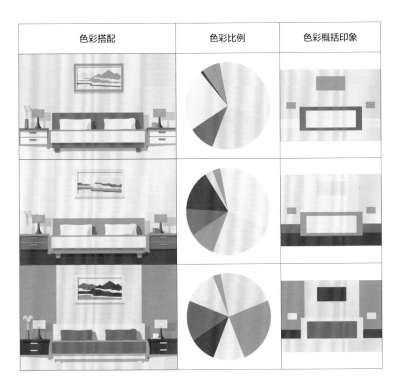

色彩搭配	色彩比例	色彩概括印象

卧室色彩搭配提示

谨慎使用反光表面

卧室作为居室空间中最为私密的部分，在色彩应用时并没有太多的禁忌，主要考虑使用者的体验即可，也就是说只要使用者喜欢，任何色彩都可以使用。但也不要忘记卧室最主要的功能是用来休息，如果色彩环境对休息产生不良影响，那么就应该尽量避免。

在可能会影响休息的因素中，最主要的是大面积的反光材质，另一个较为影响休息的因素则是过于刺激的颜色和令人眼花缭乱的图案。

图35 从整体环境来看，墙纸的鲜艳颜色和复杂的图案显得十分突兀，对平静情绪没有什么积极的影响。

图36 大量的镜面反光和缭乱的图案叠加在一起，即使空间整体色调中性，仍然让人感觉十分不适。

色彩索引

N

N-01 R:255 G:253 B:240
PANTONE 11-4302 TPG

N-02 R:248 G:248 B:248
PANTONE 11-4001 TPG

N-03 R:241 G:242 B:240
PANTONE 11-4001 TPG

N-04 R:237 G:236 B:231
PANTONE 12-4302 TPG

N-05 R:229 G:229 B:229
PANTONE 13-4303 TPG

N-06 R:226 G:226 B:226
PANTONE 14-4103 TPG

N-07 R:232 G:228 B:221
PANTONE 12-0404 TPG

N-08 R:229 G:219 B:209
PANTONE 12-5202 TPG

N-09 R:196 G:194 B:195
PANTONE 14-4107 TPG

N-10 R:209 G:206 B:202
PANTONE 13-4403 TPG

N-11 R:208 G:210 B:210
PANTONE 13-4201 TPG

N-12 R:185 G:189 B:186
PANTONE 14-4202 TPG

N-13 R:188 G:184 B:180
PANTONE 13-4403 TPG

N-14 R:181 G:178 B:178
PANTONE 16-5803 TPG

N-15 R:163 G:16 B:163
PANTONE 16-0000 TPG

N-16 R:160 G:160 B:168
PANTONE 16-3916 TPG

N-17 R:175 G:170 B:161
PANTONE 15-6304 TPG

N-18 R:123 G:124 B:124
PANTONE 17-4014 TPG

N-19 R:102 G:100 B:99
PANTONE 18-0503 TPG

N-20 R:104 G:99 B:95
PANTONE 17-1500 TPG

N-21 R:96 G:96 B:96
PANTONE 18-4005 TPG

N-22 R:87 G:89 B:89
PANTONE 18-0306 TPG

N-23 R:61 G:61 B:61
PANTONE 19-0812 TPG

Y

Y-01 R:233 G:227 B:213
PANTONE 12-0104 TPG

Y-02 R:241 G:226 B:183
PANTONE 11-0619 TPG

Y-03 R:242 G:218 B:170
PANTONE 13-0815 TPG

Y-04 R:226 G:198 B:141
PANTONE 13-0922 TPG

Y-05 R:237 G:194 B:110
PANTONE 14-0851 TPG

Y-06 R:214 G:157 B:88
PANTONE 15-1041 TPG

Y-07 R:185 G:130 B:58
PANTONE 16-0945 TPG

Y-08 R:204 G:174 B:122
PANTONE 14-0826 TPG

Y-09 R:198 G:164 B:115
PANTONE 14-1038 TPG

Y-10 R:153 G:127 B:95
PANTONE 16-1324 TPG

Y-11 R:204 G:193 B:158
PANTONE 14-1014 TPG

Y-12 R:187 G:172 B:139
PANTONE 16-1110 TPG

YR

YR-01 R:221 G:213 B:204
PANTONE 12-4301 TPG

YR-02 R:217 G:207 B:190
PANTONE 14-1107 TPG

YR-03 R:211 G:201 B:186
PANTONE 13-0403 TPG

YR-04 R:221 G:209 B:188
PANTONE 12-0110 TPG

YR-05 R:216 G:203 B:182
PANTONE 13-0401 TPG

YR-06 R:209 G:189 B:159
PANTONE 15-1216 TPG

YR-07 R:216 G:197 B:169
PANTONE 13-0715 TPG

YR-08 R:225 G:203 B:177 PANTONE 13-1106 TPG	YR-23 R:209 G:127 B:94 PANTONE 16-1340 TPG	YR-38 R:96 G:82 B:77 PANTONE 17-1506 TPG
YR-09 R:214 G:193 B:165 PANTONE 14-1110 TPG	YR-24 R:181 G:92 B:64 PANTONE 18-1451 TPG	YR-39 R:76 G:67 B:55 PANTONE 18-1110 TPG
YR-10 R:221 G:191 B:151 PANTONE 13-1009 TPG	YR-25 R:144 G:90 B:72 PANTONE 18-1235 TPG	YR-40 R:209 G:185 B:176 PANTONE 12-1404 TPG
YR-11 R:226 G:193 B:154 PANTONE 13-1009 TPG	YR-26 R:178 G:104 B:84 PANTONE 17-1540 TPG	YR-41 R:234 G:213 B:206 PANTONE 12-1209 TPG
YR-12 R:229 G:189 B:137 PANTONE 14-0936 TPG	YR-27 R:206 G:138 B:116 PANTONE 16-1330 TPG	YR-42 R:211 G:178 B:169 PANTONE 15-1315 TPG
YR-13 R:242 G:202 B:143 PANTONE 12-0729 TPG	YR-28 R:188 G:141 B:125 PANTONE 15-1317 TPG	YR-43 R:224 G:186 B:173 PANTONE 14-1506 TPG
YR-14 R:185 G:157 B:129 PANTONE 16-1212 TPG	YR-29 R:211 G:199 B:197 PANTONE 14-0000 TPG	YR-44 R:209 G:169 B:147 PANTONE 14-1213 TPG
YR-15 R:150 G:118 B:92 PANTONE 18-1029 TPG	YR-30 R:170 G:159 B:150 PANTONE 16-1305 TPG	R
YR-16 R:178 G:126 B:91 PANTONE 16-1333 TPG	YR-31 R:150 G:135 B:124 PANTONE 16-1305 TPG	R-01 R:191 G:132 B:121 PANTONE 16-1220 TPG
YR-17 R:173 G:121 B:87 PANTONE 16-1438 TPG	YR-32 R:181 G:163 B:149 PANTONE 16-1103 TPG	R-02 R:198 G:81 B:78 PANTONE 18-1550 TPG
YR-18 R:238 G:225 B:208 PANTONE 13-0907 TPG	YR-33 R:173 G:147 B:130 PANTONE 15-1308 TPG	R-03 R:173 G:91 B:87 PANTONE 18-1269 TPG
YR-19 R:226 G:207 B:181 PANTONE 13-1105 TPG	YR-34 R:155 G:136 B:128 PANTONE 16-0205 TPG	R-04 R:140 G:76 B:75 PANTONE 18-1438 TPG
YR-20 R:232 G:201 B:170 PANTONE 14-1116 TPG	YR-35 R:140 G:119 B:111 PANTONE 17-1418 TPG	R-05 R:224 G:195 B:193 PANTONE 14-1803 TPG
YR-21 R:229 G:198 B:172 PANTONE 15-1218 TPG	YR-36 R:135 G:104 B:92 PANTONE 17-1831 TPG	R-06 R:225 G:202 B:204 PANTONE 13-2803 TPG
YR-22 R:188 G:141 B:116 PANTONE 17-1225 TPG	YR-37 R:117 G:107 B:103 PANTONE 18-1210 TPG	R-07 R:214 G:176 B:176 PANTONE 15-1607 TPG

R-08 R:198 G:125 B:125 PANTONE 17-1524 TPG	**RB-09** R:137 G:92 B:98 PANTONE 18-1420 TPG	**RB-24** R:6 G:35 B:73 PANTONE 19-4027 TPG
R-09 R:164 G:108 B:104 PANTONE 17-1520 TPG	**RB-10** R:114 G:68 B:79 PANTONE 18-1716 TPG	**RB-25** R:17 G:49 B:71 PANTONE 19-4120 TPG
R-10 R:142 G:68 B:68 PANTONE 18-1442 TPG	**RB-11** R:170 G:148 B:161 PANTONE 16-3304 TPG	**RB-26** R:109 G:131 B:155 PANTONE 18-4020 TPG
R-11 R:96 G:40 B:40 PANTONE 19-1531 TPG	**RB-12** R:201 G:197 B:198 PANTONE 14-4105 TPG	**RB-27** R:70 G:88 B:102 PANTONE 18-4215 TPG
R-12 R:84 G:43 B:43 PANTONE 19-1331 TPG	**RB-13** R:183 G:177 B:186 PANTONE 14-3904 TPG	**RB-28** R:89 G:112 B:124 PANTONE 18-4320 TPG
R-13 R:96 G:64 B:62 PANTONE 19-1321 TPG	**RB-14** R:186 G:175 B:181 PANTONE 14-3906 TPG	**RB-29** R:114 G:130 B:142 PANTONE 17-4111 TPG

RB

	RB-15 R:140 G:128 B:138 PANTONE 18-3710 TPG	**RB-30** R:88 G:99 B:107 PANTONE 18-3918 TPG
RB-01 R:214 G:198 B:196 PANTONE 15-4502 TPG	**RB-16** R:102 G:90 B:95 PANTONE 18-1404 TPG	**RB-31** R:131 G:140 B:147 PANTONE 15-4307 TPG
RB-02 R:211 G:199 B:193 PANTONE 14-0000 TPG	**RB-17** R:140 G:132 B:138 PANTONE 17-3911 TPG	**RB-32** R:148 G:157 B:162 PANTONE 15-4101 TPG
RB-03 R:196 G:177 B:173 PANTONE 16-1509 TPG	**RB-18** R:123 G:119 B:132 PANTONE 17-1503 TPG	

B

RB-04 R:193 G:170 B:170 PANTONE 16-1510 TPG	**RB-19** R:115 G:117 B:132 PANTONE 17-3933 TPG	**B-01** R:201 G:210 B:221 PANTONE 13-4103 TPG
RB-05 R:173 G:146 B:146 PANTONE 16-1703 TPG	**RB-20** R:133 G:140 B:158 PANTONE 17-3917 TPG	**B-02** R:175 G:196 B:211 PANTONE 14-4112 TPG
RB-06 R:183 G:154 B:158 PANTONE 15-1905 TPG	**RB-21** R:87 G:95 B:124 PANTONE 18-3920 TPG	**B-03** R:163 G:177 B:181 PANTONE 14-4506 TPG
RB-08 R:168 G:133 B:133 PANTONE 16-1806 TPG	**RB-22** R:60 G:73 B:101 PANTONE 18-3921 TPG	**B-04** R:154 G:177 B:183 PANTONE 14-4506 TPG
RB-07 R:132 G:105 B:103 PANTONE 18-1807 TPG	**RB-23** R:44 G:58 B:99 PANTONE 19-3953 TPG	**B-05** R:127 G:154 B:160 PANTONE 16-4411 TPG

B-06　R:85 G:123 B:131　PANTONE 17-4412 TPG

B-07　R:47 G:101 B:114　PANTONE 18-4726 TPG

B-08　R:56 G:92 B:102　PANTONE 18-4718 TPG

B-09　R:47 G:72 B:75　PANTONE 19-5413 TPG

BG

BG-01　R:202 G:221 B:220　PANTONE 12-5206 TPG

BG-02　R:209 G:231 B:228　PANTONE 12-4604 TPG

BG-03　R:159 G:204 B:200　PANTONE 14-4809 TPG

BG-04　R:157 G:188 B:182　PANTONE 14-4908 TPG

BG-05　R:151 G:175 B:172　PANTONE 15-4707 TPG

BG-06　R:140 G:173 B:170　PANTONE 16-5106 TPG

BG-07　R:124 G:165 B:164　PANTONE 15-5207 TPG

BG-08　R:123 G:158 B:151　PANTONE 16-5109 TPG

BG-09　R:113 G:154 B:158　PANTONE 15-5212 TPG

BG-10　R:93 G:136 B:137　PANTONE 17-5117TPG

BG-11　R:87 G:116 B:117　PANTONE 18-4612TPG

BG-12　R:91 G:127 B:115　PANTONE 16-5515 TPG

BG-13　R:78 G:114 B:110　PANTONE 18-5612 TPG

BG-14　R:57 G:94 B:87　PANTONE 18-5115 TPG

BG-15　R:57 G:81 B:75　PANTONE 18-5718 TPG

G

G-01　R:103 G:130 B:119　PANTONE 16-5515 TPG

G-02　R:102 G:124 B:113　PANTONE 18-5410 TPG

G-03　R:97 G:114 B:107　PANTONE 17-5107 TPG

G-04　R:115 G:121 B:118　PANTONE 18-5105 TPG

GY

GY-01　R:197 G:211 B:208　PANTONE 13-5305 TPG

GY-02　R:182 G:191 B:184　PANTONE 14-4804 TPG

GY-03　R:155 G:169 B:162　PANTONE 16-5304 TPG

GY-04　R:161 G:178 B:163　PANTONE 16-5808 TPG

GY-05　R:180 G:198 B:185　PANTONE 13-5305 TPG

GY-06　R:202 G:221 B:205　PANTONE 13-0107 TPG

GY-07　R:191 G:204 B:184　PANTONE 13-0210 TPG

GY-08　R:202 G:211 B:190　PANTONE 13-6006 TPG

GY-09　R:209 G:214 B:191　PANTONE 13-0212 TPG

GY-10　R:202 G:209 B:178　PANTONE 13-0111 TPG

GY-11　R:173 G:183 B:159　PANTONE 15-6313 TPG

GY-12　R:131 G:140 B:121　PANTONE 17-0115 TPG

GY-13　R:163 G:170 B:155　PANTONE 19-4006TPG

GY-14　R:151 G:153 B:138　PANTONE 19-3911TPG

GY-15　R:164 G:165 B:149　PANTONE 16-0213 TPG

GY-16　R:181 G:186 B:175　PANTONE 14-6007 TPG